普通高等学校"十四五"规划数字装配式建筑系列教材

数字化装配式钢筋混凝土结构建筑施工技术

主编◎ 唐小方　陈晓旭（学校）　　主审◎ 郭保生（学校）
　　　周子璐　桂峥嵘（企业）　　　　　黄晨光（企业）

联合编制　广东白云学院
　　　　　中建四局 EPC 设计院

华中科技大学出版社
中国·武汉

图书在版编目(CIP)数据

数字化装配式钢筋混凝土结构建筑施工技术/唐小方等主编.—武汉:华中科技大学出版社,2023.10
ISBN 978-7-5680-2732-8

I.①数… Ⅱ.①唐… Ⅲ.①数字化-应用-钢筋混凝土结构-装配式构件-建筑施工 Ⅳ.①TU375-39

中国国家版本馆 CIP 数据核字(2023)第 171003 号

数字化装配式钢筋混凝土结构建筑施工技术　　　　　　唐小方　陈晓旭

Shuzihua Zhuangpeishi Gangjin Hunningtu Jiegou　　　周子璐　桂峥嵘　主编

Jianzhu Shigong Jishu

策划编辑:胡天金

责任编辑:陈　骏　郭娅辛

封面设计:旗语书装

责任校对:阮　敏

责任监印:朱　玢

出版发行:华中科技大学出版社(中国·武汉)　　电话:(027)81321913
　　　　　武汉市东湖新技术开发区华工科技园　　邮编:430223

录　　排:华中科技大学惠友文印中心

印　　刷:武汉市洪林印务有限公司

开　　本:787mm×1092mm　1/16

印　　张:8.5

字　　数:202 千字

版　　次:2023 年 10 月第 1 版第 1 次印刷

定　　价:49.80 元(含培训手册)

前　　言

2016 年国务院办公厅印发的《关于大力发展装配式建筑的指导意见》提出,要以京津冀、长三角以及珠三角三大城市群为重点推进地区,常住人口超过 300 万的其他城市为积极推进地区,其余城市为鼓励推进地区,因地制宜发展装配式混凝土结构、钢结构和现代木结构等装配式建筑。力争用 10 年左右的时间,使装配式建筑占新建建筑面积的比例达到 30%。

装配式建筑是用预制部品部件在工地装配而成的建筑。发展装配式建筑是建造方式的重大变革,是推进建筑业供给侧结构性改革的重要举措,有利于节约资源能源、减少施工污染、提升劳动生产效率和质量安全水平,促进建筑业与信息化、工业化深度融合,培育新产业新动能,推动化解过剩产能。发展装配式建筑要按照适用、经济、安全、绿色、美观的要求,坚持市场主导、政府推动,坚持分区推进、逐步推广,坚持顶层设计、协调发展,推动建造方式创新,不断提高装配式建筑在新建建筑中的比例。

数字化技术的应用为装配式建筑插上了智慧的翅膀。数字化装配式钢筋混凝土结构的全产业链优势在设计、制造、施工等各个环节得到充分体现,预制叠合楼板、预制楼梯、ALC(蒸压轻质混凝土)板、保温装饰一体板等多项装配式产品得到广泛使用。

数字化技术贯穿项目设计、工厂化预制、装配式施工、数字化交付各阶段,结合 BIM 装配式协同管控平台,实现了精准施工、节约工期、交叉作业、一次成优等目标,且形成的一系列数字化成果,可用于建筑全生命周期的运营维护。工程实体交付的同时,项目部将向业主交付一个数字化平台,其中包括项目资料、电子图纸、BIM 模型等,建筑物的建造过程、材料信息、设备参数等也尽在其中,为建筑物的智慧运维打下良好基础。

本书由唐小方、陈晓旭、周子璐、桂峥嵘主编;郭保生、黄晨光主审;参与编写人员为:前言和第 1 章由臧进、梁鑫编写,第 2 章由覃民武、桂峥嵘编写,第 3 章由陈晓旭、周子璐编写,第 4 章由唐小方、桂峥嵘编写,第 5 章由袁富贵、颜英编写。

数字化装配式钢筋混凝土结构建筑刚刚起步,许多理论还在研究探索中,加上编者水平有限,本书难免会存在不足之处,恳请读者给予批评指正。

目　　录

1 数字化装配式钢筋混凝土结构建筑基本知识

1.1 数字化装配式钢筋混凝土结构建筑基础

1. 数字化装配式建筑的定义

数字化装配式建筑是指全生命周期采用数字化建造方式建造的建筑。建筑数字化建造指基于数字孪生理念,建造全过程运用 5G、BIM、物联网、人工智能、大数据等技术,建立建筑建造过程中各环节互联互通、数据共享、质量智慧预控、决策数字化的工作方式,实现集规划、设计、施工、运维于一体的全生命周期模型的建造方式。数字化建造是一种基于智能化、网络化、大数据的新的建造模式,其通过应用数字化系统来提高建造过程中的智能化水平,减少对人的依赖,达到安全建造的目的;借助新科技实现了全产业链数据集成,为建筑全生命周期管理提供支持;同时,数字化建造也是智慧城市建设的重要支撑,是实现建筑和城市基础设施智能化的重要途径。

2. 数字化装配式建筑的特点

采用数字化装配式部品部件建造房屋是装配式建筑的一种高级形式,具有标准化设计、工厂化生产、装配化施工、一体化装修、信息化管理、智能化应用等六大特征。具体体现在以下几方面。

(1)大量的建筑部品由车间生产加工完成。

(2)施工现场大量的装配作业,相比原始现浇作业大大减少了施工时间。

(3)采用建筑、装修一体化设计、施工,装修可与主体施工同步进行。

(4)设计的标准化和管理的信息化,使得预制构件更标准,生产效率更高,相应的构件成本就会下降,配合工厂的数字化管理,整个装配式建筑的性价比会越来越高。

(5)采用绿色建筑方式进行建筑设计。

(6)采用了与周边环境相融合的节能环保技术进行建筑施工。

3. 数字化装配式建筑的分类

数字化装配式建筑按数字化建造的程度及建筑的高度可分为以下四类。

(1)从建筑层高上,可以划分为超高层数字化装配式建筑、高层数字化装配式建筑、多层数字化装配式建筑和低层数字化装配式建筑。

(2)从主体结构的建筑材料上,可以划分为数字化装配式钢筋混凝土结构建筑、数字化装配式钢结构建筑、数字化装配式轻钢结构建筑和数字化装配式木结构建筑。

（3）从预制构件的类型和施工方法上，可以划分为数字化装配式砌块建筑、数字化装配式板材建筑、数字化装配式盒式建筑、数字化装配式骨架板材建筑及数字化装配式升板升层建筑。

（4）从结构体系上，可以划分为数字化框架结构建筑、数字化框架-剪力墙结构建筑、数字化筒体结构建筑、数字化剪力墙结构建筑。

4. 我国数字化装配式钢筋混凝土结构建筑的发展过程

（1）我国建筑数字化建造技术起步晚、基础差。

我国建筑数字化建造技术整体起步较晚，基础差。整个建筑行业的数字化建造从2006年才开始起步。中国产业信息网数据显示，2018年我国建筑数字化建造投入占总产值的比重仅为0.10%，低于发达国家平均水平（1.00%），也低于国际平均水平（0.30%）。从国内所有行业来看，建筑数字化建造的投入在所有的行业中排名也很靠后。这种状况不仅仅是中国如此，麦肯锡曾发布一个统计数据，全球范围来看，前期建筑业总体的数字化建造水平在统计的行业中也是排在倒数位。

（2）我国建筑数字化建造技术前期研究投入少。

我国建筑行业数字化建造技术前期仅部分国有大中型企业开展过一些研究，这些研究取得了一定成果，但是这些成果真正应用到实际工程建设中的却很少。多数针对数字化建造的研究都很片面，只是将每个模块分割开来进行研究，形成了很多数据孤岛，导致建筑数字化建造停留在表面，不能真正地为企业提高劳动生产力、形成实际意义的数字化建造。特别是对建筑建造的核心环节如设计、生产、装配、维护等整体性的数字化建造研究和应用较少，整体数据集成差，信息割裂。设计、施工、业主、供应商等项目参建方没有统一的数据接口，导致产业链数据割裂，上下游企业缺乏结构化的数据连接和支撑。很多企业只看到数字化建造的表象，认为数字化建造投入大、成本高，不会给企业带来直接效益，却不懂数字化技术运用后所能带来的核心价值。

（3）我国建筑数字化建造技术发展速度快。

2020年7月3日，《住房和城乡建设部等部门关于推动智能建造与建筑工业化协同发展的指导意见》指出要以大力发展以建筑工业化为载体，以数字化、智能化升级为动力，创新突破相关核心技术，加大智能建造在工程建设各环节的应用。随后，建筑行业在建筑数字化建造方面的投入出现了争先恐后的局面，投资数量越来越大，投资项目越来越好，投入的人力和物力越来越多，建筑数字化建造技术开始在全国范围内快速发展。特别是我国建筑BIM、物联网、5G、大数据、云平台、人工智能等新技术的不断涌现和成熟，使得建筑数字化建造技术得到了快速的发展。人们逐渐认识到建筑数字化建造技术的推广应用是建筑行业发展的必然趋势。

（4）建筑数字化建造技术成为了一种新的建筑运作模式。

近些年科学技术快速发展，信息技术创新日新月异，以数字化、网络化、智能化为特征的信息化浪潮蓬勃兴起，而数字化作为实现数据资源的获取和积累途径，为智能化建造的发展奠定了基础。随着国家的政策驱动以及物联网技术的日趋成熟，BIM技术、智慧工地、建筑工业化逐渐进入建筑企业，一些建筑企业已经开始在一些大型的工程中运用建筑数字化建造技术。于是具有世界顶尖水准的超级工程接踵落地,如以"四纵四横"高铁主骨架为代表的高铁工程标志着中国工程的"速度"和"密度";以港珠澳大桥为代表的中国桥梁工程标志着中国工程的"精度"和"跨度";以上海中心大厦为代表的建筑工程标志着中国工程的"高度";以洋山深水港码头为代表的工程标志着中国工程的"深度";以自主研发的三代核电技术"华龙一号"为代表的工程标志着中国工程的"难度"。建筑数字化建造在许多工程中,探索了新的运作模式、盈利模式,取得了较大的成功。

1.2 数字化装配式钢筋混凝土结构建筑设计

1. 数字化装配式钢筋混凝土结构建筑设计平台的功能

近年来我国数字化装配式钢筋混凝土结构建筑发展迅速,数字化装配式钢筋混凝土结构建筑以其节能、施工快捷、美观、经济合理等优点受到人们的赞扬。数字化装配式钢筋混凝土结构建造技术已形成了物理性能优异、空间和形体灵活、易于建造、形式多样的成熟建造体系,有利于推进住宅产业化。采用数字化装配式钢筋混凝土结构建造的房屋以成熟的数字化模块设计技术为核心,有广泛的应用前景。但目前我国的数字化装配式钢筋混凝土结构建筑的设计技术还不成熟,特别是数字化模块在绿色建筑设计方面还不成熟。

由广东白云学院研制的数字化建筑设计平台已经应用于数字化装配式钢筋混凝土结构房屋全生命周期,从建筑设计、模型部件建模设计、关键技术创新设计、建造工艺的设计、施工过程的管理,到建筑验收及运维的管理全部采用了数字化建筑设计平台,实现了建模、建造、综合分析、优化和协同等环节的高效率集成,同时也实现了数字化装配式钢筋混凝土结构技术在绿色建筑设计方面的应用。

我国目前大力推行绿色建筑设计,最大限度地节约资源、保护环境和减少污染,为人们提供健康、适用和高效的使用空间,建造与自然和谐共生的建筑。在这方面,数字化装配式钢筋混凝土结构房屋设计平台体现出其优势:既符合中国国情,又响应国家土地资源政策、环保政策和可持续发展战略,还能为我国新农村建设、度假房、民宿、养老院、幼儿园、服务中心等装配式钢筋混凝土结构房屋提供绿色建筑设计服务。

2. 数字化装配式钢筋混凝土结构建筑设计平台框架

数字化装配式钢筋混凝土结构建筑设计平台采用数字化模块的设计原理,提供不同类型的数字化装配式钢筋混凝土结构住宅样式和构件种类。设计师首先建立三维数字模型,完成楼盖、墙体、屋盖、紧固连接件以及保温隔热、隔声、防火与防护等一系列的数字模块组建,进行数字化定制设计。用户可以在设计平台上查看设计的全过程并提出修改意见,进行互动。

设计人员可以对设计平台上所有的资料(设计图纸等)、设计质量、设计过程、设计后的实施等进行智慧管理。在设计过程中,可以根据客户的要求直接从模块库中调出墙体、楼盖、屋盖、楼梯、卫生间、厨房、室内外装饰材料等数字模块进行设计,并通过数字化功能对这些模块的大小、颜色、形状、功能进行修改与保存。设计人员可以按标题检索查询建筑设计的信息、图纸等内容,并对其进行修改、添加、删除、收藏。设计平台能够自动生成材料清单,并根据每次的设计调整自动进行修改,方便指导和管理施工。

设计平台加快了数字化装配式钢筋混凝土结构建筑设计的速度,提高了设计精度,简化了设计流程,节约了企业成本。由平面设计升级到三维设计、VR 展示,使设计实现可视化、多维化、标准化,为设计人员、施工人员和管理人员提供便利,为企业节约时间和成本,提高效率。

3. 数字化装配式钢筋混凝土结构建筑设计平台原理

数字化装配式钢筋混凝土结构建筑设计平台通过建立数字化建筑设计体系,将许多复杂多变的信息转变为可以度量的数据,再以这些数据建立合理的数字化模型,把数字化模型引入计算机内部平台,进行统一处理,将成熟的建筑多维模型体设计技术整合形成数字化的设计体系。该体系打破了多维模型体的界限,用数字化的元素线将建筑布局、外观、结构、室内外装饰等多维模型体连接成一个由后台数据控制的数字化中心多维模块神经包。

这个多维模块神经包中的某个神经元改变后,就会根据建筑多维模型的设定原理来改变多维模块神经包中的部分神经元,从而自动改变建筑模型。这种改变不是重新绘制出建筑的某些元素,而是将建筑数字化建造模型的信息轻量化后,存储在网络数据库中,通过神经元的数字变化来改变建筑的元素、组合数字孪生模型、形成建筑新部件,实现运用数字化模块对建筑的外部形态和内部功能进行设计。

4. 数字化装配式钢筋混凝土结构建筑设计平台架构

数字化装配式钢筋混凝土结构建筑设计平台的架构是基于"BIM 技术+自主软件"运行的,如图 1-1 所示。

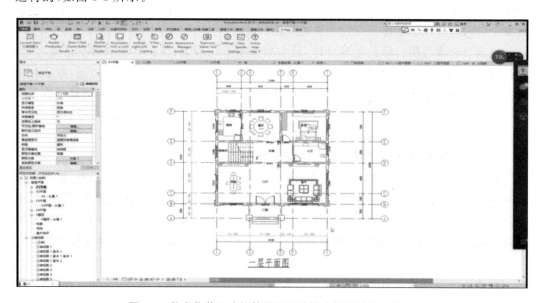

图 1-1　数字化装配式钢筋混凝土结构建筑设计平台架构

传统的建筑设计过程是对建筑元素的单个模型进行设计建模后,再将整个建筑模型通过 BIM 架构进行汇总,如图 1-2 所示。

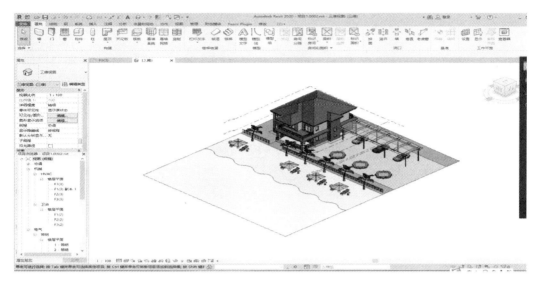

图 1-2 传统的建筑设计 BIM 架构

数字化装配式钢筋混凝土结构建筑设计平台则是基于"BIM 技术＋自主软件＋云计算"模式,通过参数变化来进行建筑设计建模,如图 1-3 所示。

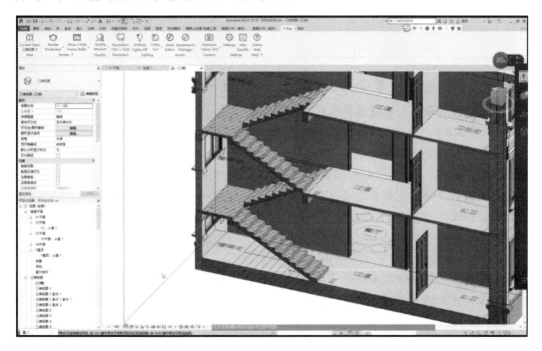

图 1-3 通过参数变化实现建筑设计建模

在数字化装配式钢筋混凝土结构建筑设计平台中可通过改变部件元素的参数来建立模型,建模过程中不需要将该部件元素与其他部件元素进行分割,直接改变该部件元素的参数就可以快速地完成建模工作,并自动协同与其他部件元素的关系,自动调整其他部件元素的大小和位置,最后达到所有部件元素的统一,如图1-4所示。

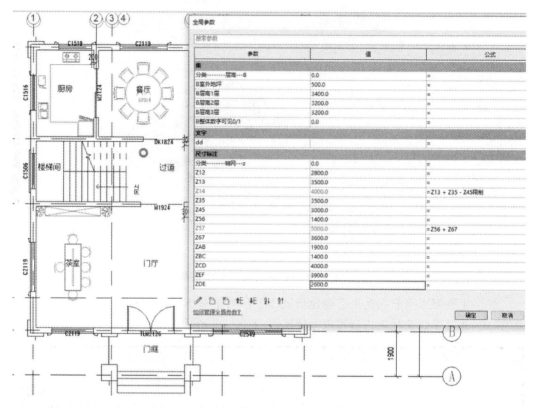

图1-4 通过改变部件元素的参数来进行建模

5.通过改变模块化参数来进行建筑模块设计

(1)建筑平面元素数字化模块设计技术。

在建筑平面元素数字化模块设计中,可以通过改变建筑图纸的轴线长度来改变整个建筑的面积,且每一层的平面图和立面图都会自动改变,当整体建筑面积改变后,建筑内的部件元素和家具平面布置也会自动调整,无须重新设计。也可通过模块参数的改变,来重新设计建筑内家具的样式和位置、改变厨房的台面位置和大小、增加或减少家具的数量。

(2)建筑三维立体数字化模块设计。

在三维立体数字化模块设计平台中,可以通过改变建筑立面某部件元素的参数,从而改变该部件元素族部件的模型,且这些族部件模型会自动和建筑模型相适应,如图1-5所示。

可以通过修改立体模型的层高参数来改变整个建筑三维立体模型的高度,同时,模型中其他部件元素也会随之发生自适应改变,实现全屋同步改动,如图1-6所示。

6.数字化建筑设计流程

数字化建筑设计流程如图1-7所示。

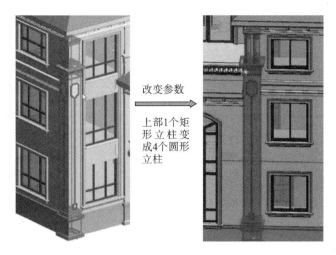

图 1-5　三维立体数字化模块设计

图 1-6　建筑整体元素和尺寸大小同时改变

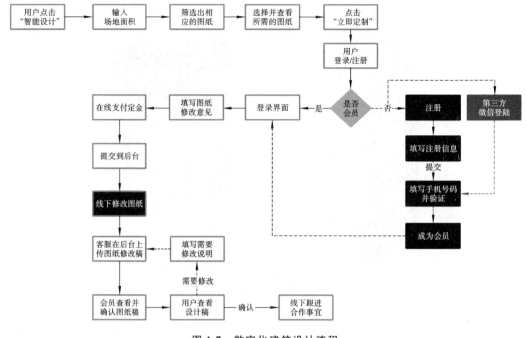

图 1-7　数字化建筑设计流程

1.3　数字化装配式钢筋混凝土结构建筑材料

1. 结构主材

（1）混凝土。

混凝土是由胶凝材料、粗骨料、细骨料、水为原料按照一定的配合比，经搅拌、振捣和养护，凝结硬化后形成的人工石材，是一种复合材料。在特殊情况下，混凝土也会加入外加剂和掺合料。

混凝土中的胶凝材料包括水泥、沥青、石膏等，粗骨料常为碎石和卵石，细骨料则为天然砂或人工砂。

根据功能不同，混凝土常用的外加剂可分为改善混凝土流动性、调节混凝土凝结硬化时间、调节混凝土含气量、增加混凝土抵抗侵蚀能力等类型。常见的外加剂有减水剂、泵送剂、缓凝剂、早强剂、速凝剂、引气剂、膨胀剂、防冻剂、阻锈剂等。

根据胶凝材料的不同，混凝土可分为无机胶凝材料混凝土和有机胶凝材料混凝土。无机胶凝材料混凝土包括水泥混凝土（普通混凝土）、石膏混凝土等，有机胶凝材料混凝土包括沥青混凝土、聚合物混凝土等。

根据用途不同，混凝土可分为防水混凝土、耐火混凝土、结构混凝土、道路混凝土、装饰混凝土、防辐射混凝土等。

根据表观密度不同，混凝土可分为轻质混凝土、普通混凝土（水泥混凝土）、重混凝土

（防辐射混凝土）。

普通混凝土即以水泥为胶凝材料制成的混凝土。普通混凝土具有易于就地取材、较高的抗压强度、较好的耐火性、良好的耐久性、良好的可塑性、与钢筋有相近的线性膨胀系数以及节约钢材等优点；有自重大、抗拉强度低、抗裂性能差、质地较脆等缺点，在工程建设过程中会采取相应的措施来改善其性能。例如，采用轻质高强的混凝土来克服混凝土自重大的缺点，通过在混凝土构件中加入预应力钢筋来改善混凝土易开裂的情况等。

制作装配式钢筋混凝土结构建筑中的混凝土时一般不使用缓凝剂和泵送剂，并且其对砂石的质量要求比现浇混凝土结构建筑高。我国建筑行业标准《装配式混凝土结构技术规程》JGJ 1—2014 要求"预制构件的混凝土强度等级不宜低于 C30；预应力混凝土预制构件的混凝土强度等级不宜低于 C40，且不应低于 C30；现浇混凝土的强度等级不应低于 C25"。装配式混凝土结构建筑的混凝土强度等级的要求比现浇混凝土结构建筑高一个等级。

（2）钢筋。

钢筋包括光圆钢筋、带肋钢筋等。在进行装配式混凝土结构建筑设计时，宜选用大直径高强度钢筋，减少钢筋根数，以利于混凝土浇筑。

2. 其他材料

建造数字化装配式混凝土结构建筑的其他材料还包括钢筋套筒、灌浆料、预埋件、保温连接件、临时支撑杆等。

2 数字化装配式钢筋混凝土 结构建筑施工准备

数字化装配式钢筋混凝土结构建筑智慧建造技术集中体现为以下4点。

（1）建筑整体设计及部件设计的数字集成化。

集成化可以将建筑系统的数据通过5G技术实现多方实时共享。生产过程实时协同，多方同时参与建筑生产过程，使设计、施工、指挥协调、质量验收、后期维护等各责任方同时参与整个建造过程，推进了EPC模式、集成化模式、预判式模式的应用。

（2）模块构件制造的智能化。

在装配式各个模块构件的生产中，大量采用智能化的建造方式实现智慧建造。通过高智能化的机器人取代或是部分取代人工制造，例如代替人决策，纠正生产过程中的误差。在智能建造中大量应用了系统智能流程，例如BIM数据、模块数据、检测技术、控制技术、数字反馈技术等，使制造出来的装配式模块构件质量达到设计要求。

（3）建造过程数字化管理。

在数字化装配式钢筋混凝土结构建筑的各个环节中实现精细化管理。数字化管理包括建筑建造的每一个过程、每一个部品部件、每一道工序、每一种材料、每一份报表。数字化管理可以预判所用的材料、材料的损耗、人工的需求、施工的进度、将产生的危机、安全防范等。通过严格的管理流程，降低风险、节省材料、提高功效，实现精益建造。

（4）数字化最佳成果分析调整。

利用数字化技术对整个装配式钢筋混凝土结构建筑及部件的设计、施工进行成果分析及调整，优化设计方案、作业计划、施工流程、构件生产、人员安排，实现协同性生产、动态性调整、快速化改进。下面结合案例进行介绍。

2.1 案例项目概况

案例项目总用地面积 60060.71 m²，总建筑面积 253360.15 m²（其中地上建筑面积 191277.29 m²，地下建筑面积 62082.86 m²），容积率为 3.2。

项目包括 12 栋高层建筑（住宅）、2 栋多层建筑（售楼部和幼儿园），1 层（局部 2 层）地下室。高层建筑结构类型为钢筋混凝土剪力墙结构，多层建筑为框架结构。抗震设防烈度为 6 度，建筑设计使用年限 50 年。装配式建筑的实施要求有以下几点。

（1）单体建筑无裙楼（按《建筑设计防火规范》GB 50016—2014定义）时，层数大于或等于3层的单体建筑100％实施装配式建筑；层数少于3层的单体建筑，鼓励实施装配式建筑，实施比例不做强制性要求。

（2）单体建筑由主楼（或塔楼）、裙楼组成时，主楼（或塔楼）100％实施装配式建筑；裙楼部分鼓励实施装配式建筑，实施比例不做强制性要求。

（3）地下建筑（含地下室）可不实施装配式建筑。

（4）装配式建筑的认定按照国家或省现行的装配式建筑评价标准，装配率不得低于50％。

案例项目中装配式建筑的实施情况见表2-1。

表 2-1 装配式建筑实施情况

工程名称	×××项目1♯～8♯楼					
工程地址						
建设单位						
设计单位						
装配式深化设计单位						
预制构件生产单位						
监理单位						
施工单位						
装配式实施情况	楼栋	建筑类型	层数/层	建筑高度/m	装配式建筑面积/m²	装配率
	1♯	住宅	33	98.25	13589.08	51.2％
	2♯	住宅	33	98.25	13437.18	51.2％
	3♯	住宅	33	98.25	13367.87	51.2％
	4♯	住宅	33	98.25	14356.82	50.2％
	5♯	住宅	33	98.25	14822.67	50.1％
	6♯	住宅	33	98.25	15215.53	51.1％
	7♯	住宅	33	98.25	15488.82	51.2％
	8♯	住宅	33	98.25	19176.73	51.1％

案例项目装配式建筑使用的预制构件包括预制叠合楼板、预制楼梯、预制叠合阳台板、钢筋桁架楼承板、预制内隔墙。案例项目效果图及户型平面图见图2-1～图2-8。

图 2-1　案例项目效果图

图 2-2　1♯楼户型平面图

图 2-3　2#、3#楼户型平面图

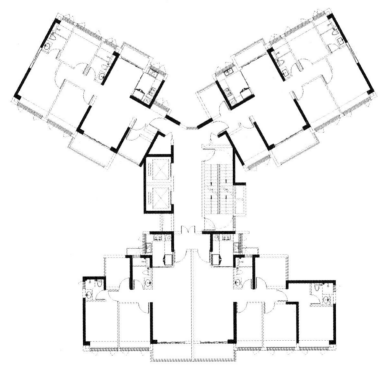

图 2-4　4#楼户型平面图

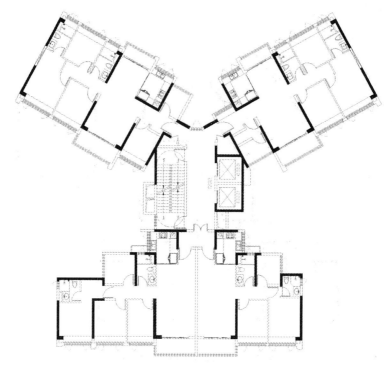

图 2-5 5♯楼户型平面图

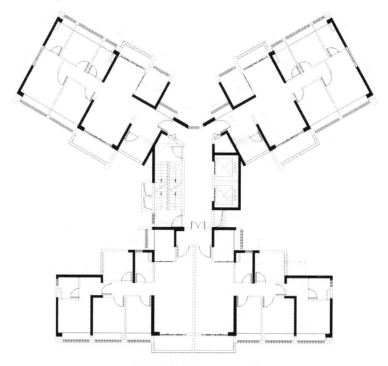

图 2-6 6♯楼户型平面图

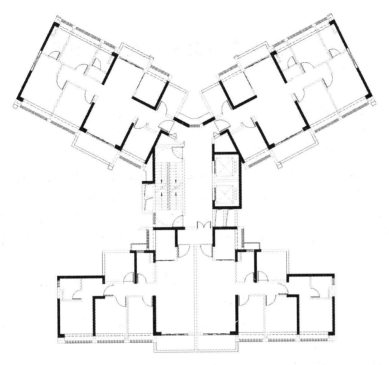

图 2-7　7♯楼户型平面图

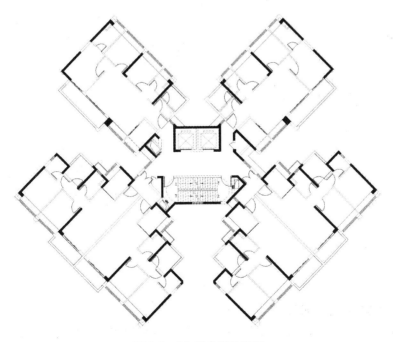

图 2-8　8♯楼户型平面图

2.2　施工总平面布置及进度计划

1. 施工总平面布置图

案例项目的施工总平面布置图根据大数据设计原理考虑了以下 4 个因素。

（1）满足房屋的布局及建筑使用功能的要求。根据房屋的使用性质和房屋周边现状进行施工总平面布置，通过软件的大数据对比及分析，使施工总平面布置合理、功能齐全，满足施工方法、施工进度、施工流程、施工组织、施工调度的需求。

（2）道路布局合理。采用永久道路与临时道路相结合的方式，保证施工用道畅通，满足施工物资的运输，使施工材料能按施工计划分批分组进行运输，留足货物堆放场地，避免货物无序堆放。

（3）合理使用施工场地。满足施工过程中的材料合理流动，避免各工种之间的互扰，在保证工程进度的条件下，降低工程成本。

（4）施工总平面布置图应符合我国绿色建筑设计的要求，符合我国对建筑工程安全、绿色、环保的规定。

案例项目施工总平面布置图见图 2-9。

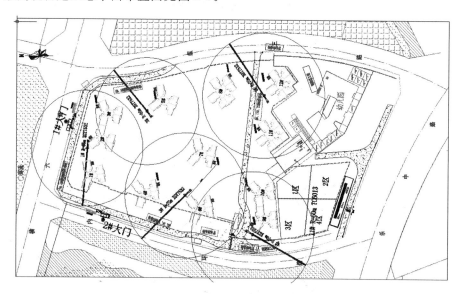

图 2-9　施工总平面布置图

2. 塔式起重机（简称塔吊）选型及布置

针对本工程，影响塔吊选型的主要因素是预制构件的重量和吊装位置、施工过程中塔吊的工作效率和周围环境等。经综合考虑，本工程垂直运输主要通过塔吊完成，因工程体量较大，在主楼施工中拟采用 5 台塔吊（1♯塔吊臂长 65 m、2♯塔吊臂长 60 m、3♯～5♯塔吊臂长均为 70 m）。具体布置情况见表 2-2。

表 2-2 塔吊布置情况表

栋号	层数	预制楼梯构件重/t（最大值）	距塔吊最远距离/m	塔吊对应位置吊重/t
1#	33F	4.33	23(1#塔吊臂长65 m)	10(25 m处吊重)
2#	33F	4.33	36(1#塔吊臂长65 m)	7.71(40 m处吊重)
3#	33F	4.33	50(2#塔吊臂长60 m)	6.42(50 m处吊重)
4#	33F	4.33	49(3#塔吊臂长70 m)	5.54(50 m处吊重)
5#	33F	4.33	25(2#塔吊臂长60 m)	10(25 m处吊重)
6#	33F	4.33	30(3#塔吊臂长70 m)	9.84(30 m处吊重)
7#	33F	4.33	48(3#塔吊臂长70 m)	5.54(50 m处吊重)
8#	33F	4.33	47(5#塔吊臂长70 m)	5.54(50 m处吊重)
栋号	层数	叠合板构件重/t（最大值）	距塔吊最远距离/m	塔吊对应位置吊重/t
1#	33F	1.35	36(1#塔吊臂长65 m)	7.71(40 m处吊重)
2#	33F	1.35	46(1#塔吊臂长65 m)	5.99(50 m处吊重)
3#	33F	1.35	59(2#塔吊臂长60 m)	5.2(60 m处吊重)
4#	33F	1.35	63(3#塔吊臂长70 m)	4.05(65 m处吊重)
5#	33F	1.35	40(2#塔吊臂长60 m)	8.25(40 m处吊重)
6#	33F	1.35	42(3#塔吊臂长70 m)	6.26(45 m处吊重)
7#	33F	1.35	66(3#塔吊臂长70 m)	3.7(70 m处吊重)
8#	33F	1.35	67(5#塔吊臂长70 m)	3.7(70 m处吊重)

本项目构件在对应堆场位置及构件卸车点的塔吊均满足预制构件起重吊装要求。

3. 塔吊吊装分析

1#～8#楼预制楼梯的起吊距离均在塔吊中心50 m范围内，根据塔吊使用说明书可知，在同样的起吊距离下，塔吊安装臂长越长则吊重越小，因此只对臂长为70 m的塔吊进行吊装分析即可。臂长70 m的塔吊，其塔机独立固定高度(62 m)在离塔身中心50 m时起重量为5.543 t。当起升高度大于62 m时，性能曲线中的起重量必须降低。

计算高度的起重量＝性能表中的起重量－每米钢丝绳的重量×(计算高度－62)×倍率。

其中，计算高度取安装最大高度126 m，倍率为2，每米钢丝绳的重量为1.84 kg。可得到在50 m处塔吊最大吊重为5.3 t，大于预制楼梯构件的最大重量4.5 t(楼梯重量4.33 t，考虑吊具等取最大吊重4.5 t)，故塔吊的吊装能力能够满足吊装要求，详见塔吊性能参数表(表2-3、表2-4)。

吊装过程中应匀速起吊预制构件，严禁加速起吊。

表 2-3 塔吊起重性能参数

起重臂 jib R(m)	α	Rmin (m)	R(Cmax) (m)	Cmax (kg)	幅度（m）/起重量（kg）												
					15	20	25	30	35	40	45	50	55	60	65	70	75
75		2.5	28.24	10000			10000	9361	7894	6794	5938	5253	4396	4226	3831	3493	3200
		2.5	14.17	20000	18797	13663	10582	8528	7061	5961	5105	4421	3861	3394	2999	2660	2367
70		2.5	29.56	10000			10000	9843	8307	7155	6259	5543	4956	4467	4054	3700	
		2.5	14.83	20000	19761	14386	11161	9010	7475	6323	5427	4710	4124	3635	3221	2867	
65		2.5	31.62	10000				10000	8949	7717	6758	5992	5365	4842	4400		
		2.5	15.86	20000	20000	15509	12059	9759	8116	6884	5926	5159	4532	4009	3567		
60		2.5	33.59	10000				10000	9562	8253	7235	6421	5755	5200			
		2.5	16.85	20000	20000	16582	12918	10475	8729	7421	6403	5588	4922	4367			
55		2.5	34.83	10000				10000	9947	8590	7535	6690	6000				
		2.5	17.47	20000	20000	17255	13456	10923	9114	7757	6702	5858	5167				
50		2.5	35.78	10000					10000	8851	7767	6900					
		2.5	17.95	20000	20000	17778	13875	11272	9413	8019	6934	6067					
45		2.5	36.33	10000					10000	9000	7900						
		2.5	18.23	20000	20000	18076	14113	11471	9583	8168	7067						
40		2.5	36.69	10000					10000	9100							
		2.5	18.41	20000	20000	18275	14271	11603	9697	8267							
35		2.5	35.00	10000					10000								
		2.5	17.56	20000	20000	17348	13530	10985	9167								
30		2.5	30.00	10000				10000									
		2.5	19.23	20000	20000	19170	14988	12200									

表 2-4 起升机构性能参数表

项目			单位	参数
型号			/	90JLF50Z
单绳公称牵引力			N	50000
起升机构	钢丝绳	型号	/	GB 8918—2006 20 35W×7 1870 U ZS
		公称直径	mm	20
		最大线速度	m/min	180
	卷筒	容绳量/层数	m/r	610/6
	电机	型号	/	YZP 2-280M-4B-30L 90 kW
		额定功率	kW	90
		基频	Hz	50
		最高运行频率	Hz	100
		额定转速	r/min	1480（50 Hz 时）
	减速机	型号	/	JQ08
		减速比	/	41.7
	制动器	型号	/	YWH400-800. RL. HL. CP
		制动力矩	N·m	630～1250

塔吊吊装分析图见图 2-10 至图 2-13。

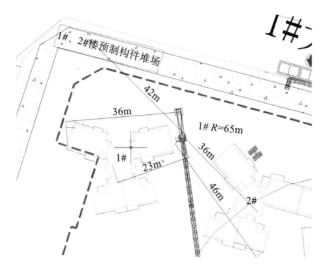

图 2-10 1♯、2♯楼预制构件塔吊吊装分析图

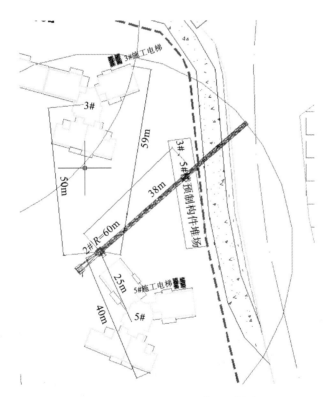

图 2-11 3♯、5♯楼预制构件塔吊吊装分析图

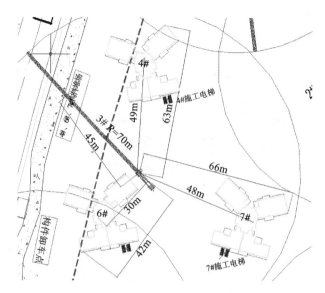

图 2-12　4＃、6＃、7＃楼预制构件塔吊吊装分析图

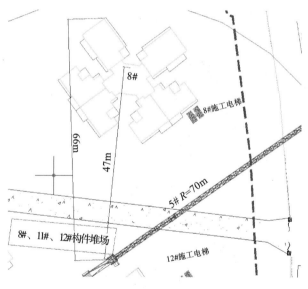

图 2-13　8＃楼预制构件塔吊吊装分析图

4.施工工期控制

项目施工工期控制,可以采用数字化施工进度管理系统。该管理系统有工地现场的远程预览、远程云控制球机转动、远程接收现场报警、远程与现场进行语音对话指挥等功能。采用住房和城乡建设部、企业、施工现场多层级联动架构,有效实现视频数据共享,并提供建筑公司管理系统对接接口。通过管理系统的企业平台,企业可以更好地对工地进行安全质量监管,落实责任主体,同时方便进行自我监管,实时掌握工地现场信息,减少管理成本。

数字化施工进度管理系统具有以下特点。

①支持由建设方和投资方主导、监理协助、专业承包商共同参加的"总控计划—施工计划—年季月计划"的三级计划控制体系。

②支持甘特图灵活拖拽,多方参与计划编制过程,制定完善的工程计划。

③支持计划编制、计划跟踪、计划优化、实际进度填报、计划检查、计划调整、计划更新的循环过程,确保计划有效实行。

④支持计划进度、计量支付、投资预测统一动态管理,系统建立了工程量清单与投资概算之间的关联。

⑤支持自动分析项目动态投资、合同支付、实际进度,指导工程进度的全面落实。

(1)标准层施工进度计划。

经测算,本工程单层水平构件安装时间为1天,期间水平构件吊装支撑架搭设工作可在现浇结构施工过程中穿插进行(表2-5)。

表2-5 各楼栋标准层吊装时间表

	1♯～7♯楼标准层吊装时间						
吊装类型	构件类型	构件数量	吊次	每次吊装时间/min	时间/min	总时间/h	天数
水平构件	预制楼梯	2	2	45	90	1.5	1
	预制叠合楼板	41	41	15	615	10.25	

	8♯楼标准层吊装时间						
吊装类型	构件类型	构件数量	吊次	每次吊装时间/min	时间/min	总时间/h	天数
水平构件	预制楼梯	2	2	45	90	1.5	1
	预制叠合楼板	54	54	15	810	13.5	

根据标准层安装计划,每个标准层构件的安装在1天内完成,按照7天1层的工期,配备3个安装班组即可满足施工需求。考虑到现场施工的不均衡性,同时预备两个安装班组随时准备进场,在确保3栋以上住宅楼同时安装的情况下满足现场的其他需求(表2-6、表2-7)。

表2-6 标准层施工工期表

标准层施工	7个工作日
测量放线	0.5个工作日
墙柱钢筋绑扎	0.5个工作日
水电管线预埋	1个工作日
墙柱铝合金模板安装、梁板铝合金模板支撑架搭设及铝合金模板安装	1.5个工作日
预制叠合板吊装	0.5个工作日
梁钢筋绑扎	1个工作日
水电管线预埋	0.5个工作日
板筋绑扎	1个工作日
混凝土浇筑	0.5个工作日

表 2-7　装配式总体施工进度计划表

8♯楼	168 个工作日
7♯楼	168 个工作日
6♯楼	168 个工作日
5♯楼	168 个工作日
4♯楼	168 个工作日
3♯楼	168 个工作日
2♯楼	168 个工作日
1♯楼	168 个工作日

2.3　预制构件运输

采用工程项目数字管理平台,经过综合效益分析,制定预制构件运输方案。

1. 运输前准备工作

运输前,预制构件厂应组织司机、安全员等相关人员对运输道路的情况进行查勘,包括沿途上空有无障碍物、公路桥的允许负荷量、经过涵洞的净空尺寸等,规划好最优运输路线,如条件允许应备用其他路线。按照《超限运输车辆行驶公路管理规定》进行核对,如若运输构件车辆属于该规定范畴,则应先向公路管理机构提交书面申请与相关资料,待审批通过之后,方能进行构件运输作业,但应在指定路线上行驶。

运输过程中应充分考虑禁运路段以及涵洞、高架桥等限高、限重、限宽路段,并考虑路面综合状况,选择路面较平、较宽、交通畅通路段进行运输,以避免预制构件受到较大颠簸、摇晃等影响。运输时间应选择晚上,以避免城市交通拥堵。

2. 运输车辆

构件运输采用平板拖车(自重约 20 t,载重 30 t,长 17.5 m,宽 2.5 m,最小转弯半径 12 m 左右),如图 2-14 所示。

图 2-14　构建运输车辆

3.运输能力

(1)预制构件厂拥有运输车辆120辆(车板150排),可同时组织30辆车进行构件运输,确保满足现场需求。

(2)车间有3处装车准备区域,构件存货厂配备的3个龙门吊可同时装车发货,整个工厂共6处区域可同时进行装车发货。

(3)车辆发货时间安排。根据网络地图、司机与专职人员的路线考察及周边交通情况调查结果,7:00—9:00、17:00—19:00这两个时间段车流量相对较大。因此,在施工过程中应合理安排构件运输时间,避开车流量高峰期,提高工作效率,这是施工交通组织的重点(表2-8)。

表 2-8　项目构件运输计划表

构件类型	单元	车次	装车时间	发货时间	到场时间	吊装时长	回厂时间	备注
水平构件	1	第一车	7:00	7:30	9:30	1.5h	11:00	换车板回厂
		第二车	8:00	8:30	10:30	1.5h	12:00	换车板回厂
		第三车	9:00	9:30	11:30	1.5h	13:00	换车板回厂
	2	第四车	14:00	14:30	16:30	2.5h	19:00	换车板回厂
		第五车	14:30	15:00	17:00	2.5h	19:30	换车板回厂

(4)运输水平构件需要3车2班次。

(5)此项目构件计划存放在室外堆场,配备3个吊装班组进行吊装,分3跨进行堆放,每跨配备2个龙门吊从两侧同时为6个车装车。

(6)安装顺序为从南向北,先安装南侧单元,后安装北侧单元。

(7)考虑现场施工顺序,按12栋楼中有3栋楼同时作业同一工序(即同时安装),如安装水平构件,则需要9车次或6车次。

4.构件装车与卸货

1)技术准备

(1)根据施工总承包单位需求计划,编制构件的装车计划。

(2)根据构件的重量和外形尺寸,设计并制作好运输支架,运输支架以通用型为主。

(3)编制构件装卸方案,包括构件装车时起吊点及起吊方法、构件最不利截面的抗裂计算等。

(4)质检员确定构件的质量、工程名称、构件名称、生产日期及合格标记等信息,并确定装车日期。

(5)构件装车前对装车人员进行技术交底,并由交底双方签字确认。

2)作业机具

(1)厂地内机具:行车(龙门吊)、叉车。

(2)安全防护机具:运输支架、抗弯拉索、捆绳、葫芦架、花篮螺丝、收紧器等。

3)作业条件

(1)装车前保证吊运机具的行车道路地面平整,并用混凝土硬化,确保吊运机具的行车宽度和转弯半径满足相关要求。

(2)吊运机具应进行功能检查、调试;运输车辆应进行车况检查。

(3)装车吊运工应持有操作证,并做好安全防护。

4)装车操作基本要求

(1)凡是需要现场拼装的构件应尽量将构件成套装车或按安装顺序装车运至安装现场。

(2)构件起吊时应拆除与相邻构件的连接,并将相邻构件支撑牢固。

(3)对大型构件,宜采用龙门吊或行车吊运。

(4)对小型预制构件,宜采用叉车、汽车起重机转运。

(5)当构件采用龙门吊装车时,起吊前应检查吊钩是否挂好,构件中螺丝是否拆除等,保障构件起吊安全。

(6)构件从成品堆放区吊出前,应根据设计要求或强度验算结果,在运输车辆上支设好运输架。

(7)预制叠合楼板、预制楼梯等小型构件以平运为主,装车时支点搁置要正确,位置和数量应按设计要求进行。

(8)根据构件形状及构件重心位置,合理设定预制构件吊点位置。

(9)构件装车时(不论上车运输还是卸车堆放),吊点位置和起吊方法都应按设计要求和施工方案确定。吊点的位置还应符合下列规定。

a.两点起吊的构件,吊点位置或起吊千斤顶与构件的上端锁定点应高于构件的重心。

b.细长的和薄型的构件起吊可采用多吊点或特制起吊工具,吊点位置和起吊方法按设计要求进行,必要时通过计算确定。

c.变截面的构件起吊时,应做到平起平放,截面面积小的一端应先起升。

(10)运输构件的搁置点:一般等截面构件的搁置点在长度1/5处,板的搁置点在距端部200~300 mm处。其他构件视受力情况确定,搁置点宜靠近节点处。

(11)构件起吊时应保持构件水平,慢速起吊并注意观察。下落时平缓,防止摇摆碰撞、损伤货品棱角。

(12)构件装车时应轻起轻落、左右对称放置车上,保持车上荷载分布均匀;卸车时按后装构件先卸的顺序进行,保持车身和构件稳定。构件装车编排应尽量将重量大的构件放在运输车辆前端中央部位,重量小的则放在运输车辆的两侧,并降低构件重心,保证运输车辆平稳、行驶安全。

(13)采用平运叠放方式运输时,叠放在车上的构件之间应采用厚度相等的垫木放置在同一条垂直线上。

(14)构件与车身及构件与构件之间应设有板条、草袋等隔离体,避免运输时构件滑动、碰撞。

(15)预制构件固定在装车架后,应用专用帆布带、夹具或斜支撑固定。帆布带和货品的棱角间应用角铁隔离,构件边角位置或角铁与构件之间的接触部位应用橡胶材料或其他柔性材料衬垫等缓冲物隔离。

（16）临时加长车身时，应在车身上排列数根（数量由计算确定）超过车身长度的型钢（如工字钢、槽钢等）或大木方（截面 200 mm×300 mm），使之与车身连接牢固；装车时将构件支点置于其上，使支点超出车身，超出的长度由计算确定。

（17）采用拖车装运方法运输，若需要在公路行驶，须经交通管理部门批准。

5. 运输实例

1）预制叠合楼板（阳台板）运输注意事项

（1）预制叠合楼板采用叠层平放的方式运输（图 2-15），预制叠合楼板间使用垫木隔离，垫木应上下对齐，垫木长、宽、高均不宜小于 100 mm。

（2）预制叠合楼板两端（至板端 200 mm）及跨中位置均应设置垫木且垫木间距不大于 1.6 m。

（3）不同板号的预制叠合楼板应分别堆放，堆放高度不宜大于 6 层。

（4）预制叠合楼板在支点处绑扎牢固，防止构件移动或跳动，在底板的边部或与绳索接触处的混凝土处，采用衬垫加以保护。

图 2-15　预制叠合楼板运输

2）预制楼梯运输注意事项

（1）预制楼梯采用叠合平放方式运输（图 2-16），预制楼梯之间用垫木隔离，垫木应上下对齐，垫木长、宽、高均不宜小于 100 mm，最下面一根垫木应通长设置。

（2）预制楼梯码放高度不宜超过 4 层。

（3）预制楼梯在支点处绑扎牢固，防止构件移动，在楼梯的边部或与绳索接触的混凝土处，应采用衬垫加以保护。

图 2-16　预制楼梯运输

3）运输安全管理及成品保护措施

（1）为确保行车安全，应进行运输前的安全技术交底。

（2）封车加固的铁丝、钢丝绳必须保证完好无损，严禁用已损坏的铁丝、钢丝绳进行捆扎。

（3）构件装车加固时，用铁丝或钢丝绳拉牢紧固，形式应为八字形或倒八字形，采用交叉捆绑或下压式捆绑。

（4）在运输过程中要对预制构件进行保护，最大限度避免预制构件在运输过程中被污染。

2.4　预制构件堆放

采用 BIMBase 三维建模分析软件，综合分析建筑各个模块构件施工的先后次序及安装位置，根据综合分析结果，绘制出预制构件堆放的位置图。通过工具模块堆放位置图，实现对预制构件堆放成品的保护。堆放预制构件时要注意：构件堆放场地应硬化、表面平整，具有一定的承载强度；构件下面应使用垫木，垫木要上下对齐，使构件之间留有一定的空隙，防止构件变形；构件与构件之间留出运输吊装的距离，便于构件的吊装和运输车辆的进出。

1. 预制构件进场路线

1#、2#楼预制构件由 1#大门进入，用 1#塔吊吊运到靠近 1#、2#楼的构件堆场。3#、5#楼预制构件由 1#大门进入，用 2#塔吊吊运到靠近 5#楼的构件堆场。4#、6#、7#楼预制构件由 2#大门进入，用 3#塔吊吊运到靠近 6#楼的构件堆场。8#楼预制构件由 2#大门进入，用 5#塔吊吊运到靠近 8#楼的构件堆场。

2. 预制构件堆场

1#楼北侧、5#楼东侧、6#楼西侧、8#楼东南侧各设置 1 个构件堆场，在施工现场共设 4 个标准层的预制构件库存作为应急吊装使用，应急预制构件堆场设置在 1#、2#、3#、4#、5#塔吊覆盖范围之内，以避免道路交通堵塞等意外发生时，预制构件运输车辆无法按时到达施工现场，影响施工进度。

3. 预制构件成品堆放要求

（1）预制构件在施工现场存放时，应按吊装顺序和构件型号分区配套堆放。堆垛应布置在塔吊工作的起重范围内；堆垛之间宜设宽度为 0.8～1.2 m 的通道（图 2-17）。

（2）根据堆放构件的类型，选择好配套的吊具。

（3）预制叠合板水平分层堆放时，按型号码垛，每垛不可超过 6 块，根据各种板的受力情况选择支垫位置，最下层垫木必须通长，层与层之间垫平、垫实，各层垫木必须在一条垂直线上。严禁大板压小板，避免因支点上下不一而产生剪切裂缝，支点应放置在桁架筋侧边，板跨间距不大于 1.6 m。

（4）预制楼梯构件堆放应满足以下 3 点要求。

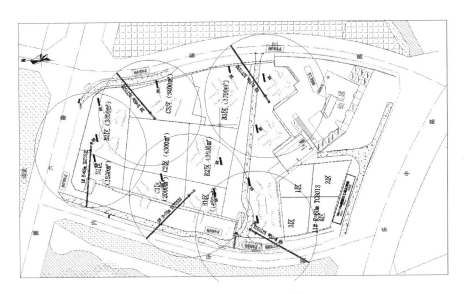

图 2-17 预制构件进出场路线图

①预制楼梯按形状大小堆放,楼梯可侧身竖直放置,下部设置木方于硬化场地上,吊钩朝上。

②若采用水平堆放的方式,则每垛码放不宜超过 4 块预制梁式楼梯构件。

③构件堆放场地必须坚实稳固,排水良好,以防止构件产生裂纹和变形。

4. 地下室顶板上堆场加强措施

由于场地较狭窄,部分预制构件需要堆放在地下室顶板上,为避免构件堆放造成地下室顶板开裂,在预制构件堆场范围内应采取回顶措施,或保留后期预制构件堆放及运输范围对应的模板支撑体系,使绝大部分荷载传递至地下室底板。如图 2-18 所示。

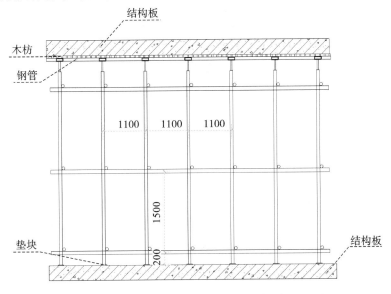

图 2-18 地下室顶板堆场区域加固措施(单位:mm)

2.5 预制构件成品保护

　　应用工程项目数字管理平台将所有的预制构件进行分类分析,建立所有预制构件在生产、堆放、运输、吊装等环节中的实时动态数据管理模型,通过动态数据管理模型制定出预制构件成品保护的方案。

　　模块构件在运输、堆放和吊装的过程中必须采取成品保护措施。运输过程中采用特制钢架辅助运输。堆放的过程中,采用钢扁担使预制构件在吊装过程中保持平衡,保证平稳和轻放,在轻放前也要在预制构件堆放的位置放置棉纱、橡胶块或者枕木等,保持预制构件的下部为柔性结构;预制楼梯等预制构件必须单块堆放,叠放时用四块尺寸大小统一的木块衬垫,木块高度必须大于外露马镫筋和棱角的高度,以免预制构件受损。在吊装施工的过程中更要注意成品保护,在保证安全的前提下,预制构件要轻吊轻放,同时安装前先将塑料垫片放在预制构件微调的位置,塑料垫片为柔性结构,这样可以有效减少预制构件的受损。施工过程中楼梯面、窗台等应用木板覆盖保护。

1. 厂内成品保护

　　厂内运输采用专用的运输器械,如行吊等,确保构件不受损伤(图 2-19)。厂内堆放应设置专用支架,确保构件放置平稳。

图 2-19 厂内构件专用运输车

2. 厂外成品保护

　　(1)预制叠合楼板采用平放方式堆放,每层最多叠放 6 层,层与层之间用木方垫平、垫实。

　　(2)预制楼梯采用平放方式运输,层与层之间用 40mm×90 mm 木方垫平且上下对齐,运输时用钢丝带和紧固器绑牢。

3. 卸车成品保护

　　根据构件深化的吊点,为了使起吊过程中弯矩最小,卸车起吊必须严格按设计吊点进行起吊。

4. 预制构件临时堆放保护

（1）预制构件运送到施工现场并验收合格后，尽量避免堆放，应随即吊运到安装位置。如要堆放，则应堆放在起吊设备的覆盖范围内，避免二次搬运。

（2）预制楼梯应使用"木板＋塑料膜"做保护，堆放预制楼梯时应平放，根据预制楼梯的受力情况正确选择支垫位置，防止构件发生扭曲和变形，且堆放高度不得超过3层。

（3）堆放预制叠合楼板时应平放，使木方摆放在同一竖向位置，且木方应上下对齐，确保构件稳定以免发生剪切破坏。

3 数字化装配式钢筋混凝土结构建筑施工技术

3.1 预制构件吊装和安装

预制构件吊装和安装是数字化装配式钢筋混凝土结构建筑的核心工艺,案例项目采用了中国建筑第四工程局有限公司《基于 RFID 及 BIM 技术的预制构件全过程数字化施工工法》中的工艺工法进行预制构件吊装和安装。这种施工工法的主要特点在于,它将 BIM 与 RFID 技术应用于装配式建筑预制构件定制、生产、运输、施工的全过程。施工前期,根据预制构件深化拆分的 BIM 模型与对应的 RFID 芯片进行跟踪对接,实现了建筑产业化施工的全过程跟踪指导,实时跟踪和指导预制构件的吊装过程及安装质量,预防吊装和安装过程中发生安全事故。采用数字化全过程可视化管理平台,从预制构件生产到吊装进行全过程信息采集,实现了全过程追踪;在信息管理平台可对所有构件的动态实时查询,实现了智能化管理。

预制构件起吊及安装准备工作包括以下几点。

1)工艺技术准备

吊装施工前应审查施工图纸和有关的设计资料,检查图纸是否齐全,图纸本身有无错误,设计内容与施工条件是否一致,各工种之间的搭接配合有无问题等,同时熟悉设计数据、结构特点等相关资料。确定好构件吊装顺序后向施工人员做好交底工作。

2)劳动力准备

(1)吊装过程中,因存在施工交叉作业,故应加强安全监控力度,现场设安全员旁站。构件水平运输采用人车分离的方式,垂直材料运输时必须设置临时警戒区域,用红白三角小旗围栏。谨防非吊装作业人员进入。同时成立以项目经理为组长的安全领导小组以加强施工现场的安全防护工作。

(2)为确保工程进度,应根据工程的结构特征和吊装工程量确定工程的人力资源配置。信号工、司索工、塔吊司机均必须持有上岗作业证书。

(3)所有吊装工人,必须经过公司培训合格后,方可进行施工作业,且必须配备足够的辅助人员和必要的工具。每栋楼安排 1 组吊装作业队伍施工。

(4)预制构件吊装作业班组培训人员应拥有结业证书。标准层劳动力计划见表 3-1。

表 3-1 标准层劳动力计划表

工种	信号工	司索工	塔吊司机	构件安装工	测量工	拉溜绳、调整配件
数量/人	2	2	1	4	2	2

3)施工机械及材料准备

施工机械及材料准备应基于数字化管理平台,实时动态地掌握施工机械及材料的需求量,根据动态变化系数有针对性地增加和调配施工机械及材料。由于施工机械及材料都和工程项目的资金流紧密相连,如果不能实时动态掌握就会影响施工进度及材料的准备,进而影响施工工期。如果施工机械闲置、原材料堆放较多就会浪费资源,减少资金的周转次数,影响资金的使用效率,造成资金的浪费。施工机械及主要材料配备见表 3-2。

表 3-2 施工机械及主要材料配备表

序号	名称	用途	图片
1	平衡梁	预制墙吊装	
2	钢丝绳	连接平衡梁与构件	
3	吊带	预制楼梯卸车、引导绳	
4	斜撑杆	预制外墙侧向支撑	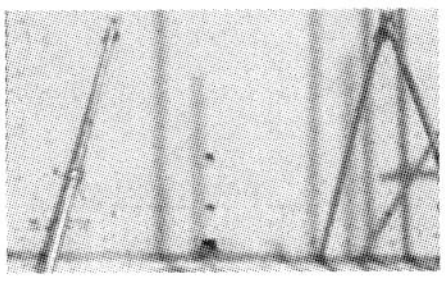
5	吊环	与预埋螺栓吊点连接	

序号	名称	用途	图片
6	经纬仪、水准仪	对轴线标高进行测量	
7	防坠器	保护地面操作人员的生命安全和被吊工件物体的完好	
8	铝合金靠尺	测量平整度及垂直度	
9	铁锤	击打工具	
10	撬棍	调节构件的垂直度	
11	鸭嘴扣	起吊预制夹心保温外墙板	

3.2　预制叠合楼板安装

1）标准层构件安装工艺流程

标准层构件安装工艺流程如图 3-1 所示。

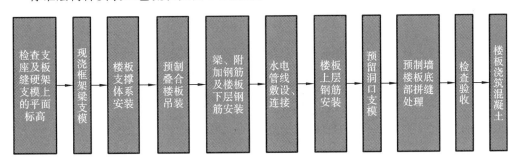

检查支座及板缝硬架支模上的平面标高　→　现浇框架梁支模　→　楼板支撑体系安装　→　预制叠合楼板吊装　→　梁、附加钢筋及楼板下层钢筋安装　→　水电管线敷设、连接　→　楼板上层钢筋安装　→　预留洞口支模　→　预制墙楼板底部拼缝处理　→　检查验收　→　楼板浇筑混凝土

图 3-1　标准层构件安装工艺流程

2）标准层构件吊装顺序

构件吊装顺序遵循先竖向、后水平、由外而内、由难而易的原则进行，配合现场施工，每个户型吊装完成后再吊装下一个户型，提升吊装效率，如图 3-2、图 3-3 所示。

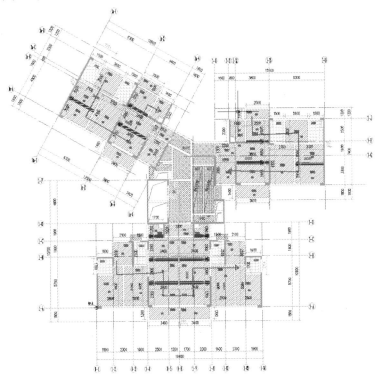

图 3-2　1♯～7♯楼预制构件吊装顺序（单位：mm）

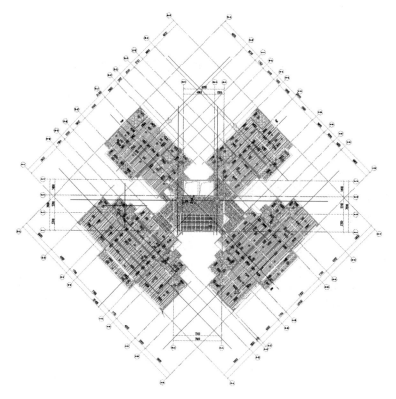

图 3-3 8♯楼预制构件吊装顺序(单位:mm)

3)安装准备

预制叠合楼板厚度为 60 mm,吊装时为了避免因局部受力不均造成预制叠合楼板开裂,故采用专用吊架吊装(即叠合构件用自平衡吊架)。吊架由工字钢焊接而成,并设置有专用吊耳和滑轮组(4 个定滑轮、6 个动滑轮),用于预制叠合楼板类构件的吊装,通过滑轮组实现构件起吊后的水平自平衡。预制叠合楼板吊装前应检查是否有可调支撑高出设计标高,校对尺寸是否有偏差,并根据偏差值做相应的调整。

4)支撑架搭设

支撑架为独立式支撑体系,主要由外套管、内插管、微调节装置、调节螺母等构件组成。根据本工程设计预制叠合楼板尺寸,每块预制叠合楼板内设置 6 根独立支撑即可,可调支撑高度范围是 2.53～3 m,单根支撑可承受的荷载为 25 kN。支撑立杆距墙边不应大于 500 mm,内插管上每隔 150 mm 有一个销孔,可插入回形钢销调整支撑高度。外套管上焊有一节螺纹管,同微调螺母配合,微调范围 170 mm,搭设的过程中底部梁必须垂直于板的桁架钢筋。

5)预制叠合楼板的起吊及就位安装

(1)起吊前工人应对照图纸确认待吊装的预制叠合楼板编号,核对编号无误后,安装卸扣和缆风绳,待工人行至安全位置后,再通知塔吊操作人员将预制叠合楼板从车上慢慢起吊(图 3-4)。

(2)起吊时先将预制叠合楼板吊离地面 200～300 mm,而后观察预制叠合楼板是否下

图 3-4　安装卸扣

坠、是否平衡、吊具连接是否牢靠,如没有以上问题,则可继续起吊。吊运至设计标高上方 500 mm 处停止,调整好预制叠合楼板位置后,缓慢下降至安装位置,速度过快容易导致楼板出现裂缝(图 3-5)。

图 3-5　吊运就位

(3)预制叠合楼板就位时用手扶稳使其正对安装位置,塔吊缓慢下钩,当预制叠合楼板下落至接触支撑体系并刚好搁稳时,塔吊暂停下钩,检查预制叠合楼板的安装位置,确保其符合《混凝土结构工程施工质量验收规范》GB 50204—2015 的相应要求,若不满足要求,则用撬棍进行调整(图 3-6)。

图 3-6　对位安装

（4）对照图纸，检查预埋洞口尺寸及位置（图 3-7）。

图 3-7　检查预埋孔洞

（5）塔吊下降直至钢丝绳成松弛状态，工人在确认预制叠合楼板安装位置无误后，将卸扣从预制叠合楼板上拆下，并安装在吊索上，塔吊起钩离开预制叠合楼板，注意防范吊具绊在预制构件或外架上（图 3-8）。

图 3-8　取钩

（6）根据水平控制线及竖向板缝定位线，校核预制叠合楼板水平位置及竖向标高，通过调节竖向独立支撑，确保预制叠合楼板满足设计标高要求，允许误差为±5 mm；通过撬棍（撬棍配合垫木使用，避免损坏板边角）调节预制叠合楼板水平位移，确保预制叠合楼板满足设计图纸要求，允许误差为±5 mm，预制叠合楼板平整度误差为±5 mm，相邻预制叠合楼板平整度误差为±5 mm。

吊装完毕后，需要双方管理人员共同检查定位是否与定位线有偏差。可采用铅垂和靠尺进行检测，如超出质量控制要求或偏差已影响到下一块预制叠合楼板的吊装，管理人员应责令操作人员对预制叠合楼板进行重新起吊落位，直到通过检验为止（图 3-9）。

图 3-9　标高复核

3.3　预制楼梯安装

预制楼梯的构件多、形状复杂,案例项目采用了基于 RFID 融合 BIM 技术的预制构件全过程数字化施工工法,在预制楼梯各构件生产、质检、出厂的各个环节均使用扫描设备对其进行扫描和信息采集。

在生产预制楼梯各构件时,对生产信息进行采集,并对预制楼梯各构件编号、型号、类型等进行复核。

预制楼梯各构件成型后,应对楼梯各构件进行质检。质检主要是对预制楼梯各构件尺寸、外观进行检查,并与图纸信息进行对比,在质检过程中发现有不良项目后,及时填写对应的实际值数据,并返工整改。

预制楼梯各构件出厂时,扫描标签确认出厂,信息管理平台实时更新构件状态,施工时可随时查询预制构件发货情况,提高了作业效率和准确性。

1)吊装准备

(1)预制楼梯吊装时,由于其自身抗弯刚度能够满足吊运要求,故采用常规方式吊运(即手拉葫芦、长短钢丝绳或吊索),吊装之前根据深化设计情况计算相应的钢丝绳或吊索长度。为了保证预制楼梯的准确安装,应控制预制楼梯两端吊索长度,要求楼梯两端同时降落至梯梁上。

(2)根据施工图纸,在上下楼梯平台板上分别弹出楼梯定位线(楼梯长边离现浇墙面 20 mm,楼梯短边离现浇墙面 25 mm)、水平控制线,并对控制线及标高进行复核。

(3)在预制楼梯上下口梯梁与牛腿(梁托)处放置钢垫片,找平标高要控制准确;检查竖向连接钢筋,对偏位钢筋进行校正。

(4)预制楼梯采用水平吊装,用螺栓将通用吊耳与楼梯板预埋的螺母连接,起吊前检查卸扣卡环,确认牢固后方可继续缓慢起吊。

(5)根据施工图纸,在上下楼梯休息平台板上分别放出楼梯定位线;同时在梯梁面放置钢垫片(垫片尺寸为 3 mm、5 mm、8 mm、10 mm、15 mm、20 mm),并铺设细石混凝土找平。

2）预制楼梯的起吊及就位安装

（1）确定预制梯定位线。根据楼梯构件安装位置在楼梯间墙上标出楼梯边线。同时注意检查预制楼梯平台板是否完成调整加固，因为预制楼梯平台板在预制楼梯支撑未布设前需要承担预制楼梯荷载。

（2）安装吊钩。预制楼梯吊装时应用3根同长钢丝绳和4点起吊用的吊爪扣住吊钉，预制楼梯底部用2根钢丝绳分别固定两个吊钉，预制楼梯上部由1根钢丝绳穿过吊钩两端并固定在两个吊钉上。

（3）距地200～300 mm静停。将预制楼梯吊离拖车至距地面200～300 mm位置静停1分钟，观察预制楼梯是否下坠、是否平衡、吊具连接是否牢靠，若无以上问题方可继续起吊。起吊时注意扶住预制楼梯，当其距地面1m左右时彻底松手，避免预制楼梯在空中旋转，松手后人员应迅速远离预制楼梯的吊运路线，并保持安全距离（图3-10）。

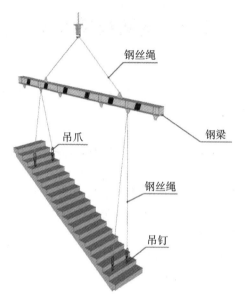

图 3-10　预制楼梯起吊示意图

（4）预制楼梯吊装到安装位置附近后，慢慢下落至安装位置上方约1 m处暂停，安装人员扶住预制楼梯，然后楼面指挥人员指挥塔吊慢慢移动预制楼梯，进行初步对位，此过程梯段下部空间禁止人员活动。

（5）初步对位后将预制楼梯缓慢下放，下放过程中安装人员注意观察预制楼梯两端安装位置上的4根预留钢筋和梯段定位线，调整预制楼梯的方位，使安装位置上预留的4根钢筋正好插入预制楼梯上下两端的4个预留孔。

（6）用撬棍对预制楼梯进行微调，使梯段与梯段定位线平齐，且梯段两端及两侧均留出了设计图纸要求的安装空隙，安装时注意调节安装空隙尺寸。

（7）塔吊下降直至钢丝绳成松弛状态，工人在确认预制楼梯安装无误后，将卸扣从预制楼梯上拆下，并安装在吊索上，塔吊起钩离开预制楼梯，注意防范吊具绊在预制构件或外架上。

(8)吊装完成后,搭设楼梯支撑架体,梯段底部有四个脱模吊钉,可用钢管加顶托支撑,按施工方案的要求搭设好支撑架体,确保架体牢固可靠(图3-11)。

图 3-11　梯段支撑搭设示意图

(9)按照节点大样对插入预制楼梯上下两端的预留空间内的钢筋进行螺丝加固和灌浆处理。

(10)预制楼梯吊装完成后,在梯段临边位置安装防护设施,并及时进行防护栏杆搭设。

3)缝隙处理

预制楼梯预留孔灌浆固定后,用防火岩棉填充预制楼梯板与休息平台板连接部位的缝隙,最后用 PE 棒封堵并用耐候性密封胶密封缝隙。

4)预制楼梯保护

在预制楼梯安装完成后,采用多层板钉在踏步台阶上保护踏步面不被损坏,并且在楼梯两侧用多层板固定保护。

3.4　钢筋桁架楼承板安装

钢筋桁架楼承板的生产和安装,全部采用基于 RFID 及 BIM 技术的预制构件全过程数字化施工工法。从预制构件生产开始到运输、堆放、保管、进场、吊装施工各个环节都进行信息采集,在信息管理平台可实时查询及跟踪所有钢筋桁架楼承板构件的动态,实现了全过程追踪和智能化管理。

用扫描枪将实际钢筋桁架楼承板构件的信息及状态写进 RFID 芯片中,实现外部构件与 RFID 芯片相关联,最后通过 RFID 芯片将整个钢筋桁架楼承板信息流串联起来,在预制构件 BIM 信息中心库进行储备、展示和应用。

案例项目中 9♯～12♯楼卫生间的楼板采用钢筋桁架楼承板。

1)钢筋桁架楼承板施工工艺总流程

钢筋桁架楼承板施工工艺总流程如图 3-12 所示。

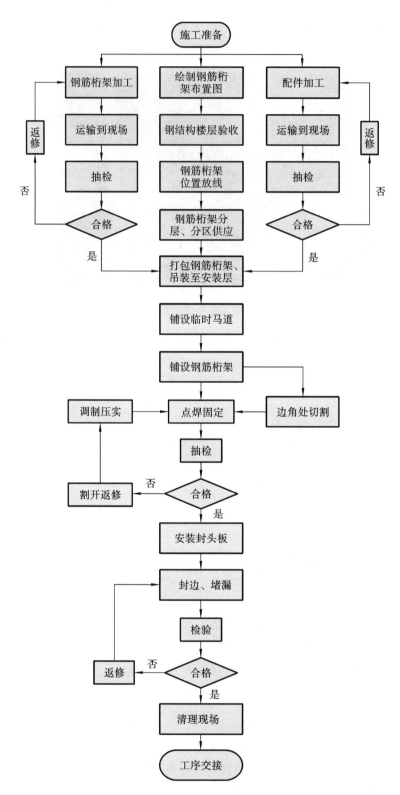

图 3-12 钢筋桁架楼承板施工工艺总流程

2）钢筋桁架楼承板施工前准备

（1）钢筋桁架楼承板的原材料在复检合格后方可使用。

（2）钢筋桁架楼承板的深化是根据结构施工图中预先排布的钢筋桁架楼承板,确定钢筋桁架楼承板的加工长度、数量,给出材料编号、材料清单以及节点做法,实际施工时根据深化图纸安装钢筋桁架楼承板。

3）钢筋桁架楼承板吊装及堆放

（1）钢筋桁架楼承板运至现场后应妥善保护,不得有任何损坏和污染。钢筋桁架楼承板临时堆放到钢梁上时要分散堆放,避免产生集中荷载。

（2）吊装前应先核对钢筋桁架楼承板捆号、吊装位置是否准确以及包装是否稳固。

（3）起吊前应先试吊,检查重心是否稳定、钢索是否会滑动,待安全检查完毕后方可起吊。

（4）钢筋桁架楼承板采用专用吊具进行吊装,以防止滑落。起吊时,每捆应设置两条吊装带,分别捆于钢筋桁架楼承板两端约1/4处。

4）钢筋桁架楼承板铺设前放线

钢筋桁架楼承板安装前,应根据钢筋桁架楼承板、收边板、边模板在钢梁上的搭接长度,在钢梁上弹设基准线,保证桁架板搭接的长度。

钢筋桁架楼承板采用对接方式施工时,在钢筋桁架楼承板两端端部弹设基准线,且基准线位于钢梁中心线。

5）钢筋桁架楼承板的铺设

（1）确认所需的各种补强构件（边模补强除外）安装完工后方可施工。

（2）铺设时以钢筋桁架楼承板母肋为基准起始边,依次铺设。

（3）铺设时每片钢筋桁架楼承板以实际宽度定位,并以片为单位,采用边铺设边定位的方式作业。

（4）钢筋桁架楼承板在铺设时,要注意对齐纵、横向钢筋桁架楼承板的沟槽,以便于钢筋绑扎。铺设好以后要保证平面绷直,不允许产生下凹现象。

（5）梁柱接头等边角钢处所需钢筋桁架楼承板的切口应以等离子切割机作业,依照现场实际的形状裁剪,不得动用编排在其他部位的钢筋桁架楼承板,切割面力求平整。

（6）同一楼层平面内的钢筋桁架楼承板的铺设按照先里后外的原则进行。

6）钢筋桁架楼承板施工关键节点

钢筋桁架楼承板施工关键节点如图 3-13 所示。

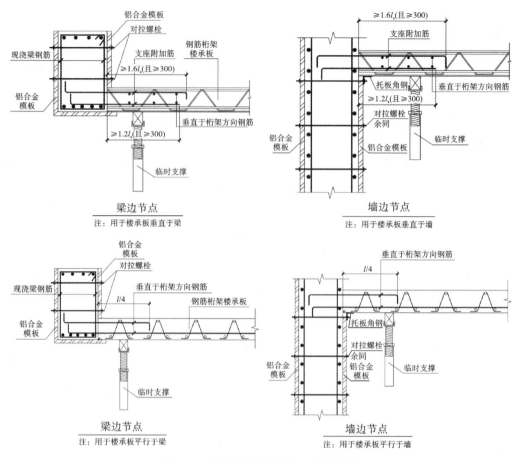

图 3-13 钢筋桁架楼承板施工关键节点

3.5 预制内隔墙安装

在预制内隔墙构件吊装施工作业前,采用基于 RFID 及 BIM 技术的预制构件全过程数字化施工工法,从内隔墙生产、运输、堆放、保管、进场、吊装施工、防水处理、安装位置及周边情况等各个环节都进行信息采集,实现了全过程追踪;在信息管理平台上可实时查询及跟踪建筑内隔墙的动态,实现了智能化管理。在安装前,核对内隔墙中的 RFID 芯片数字信息,实现外部构件与内隔墙 RFID 芯片相关联,最后通过 RFID 芯片将每个内隔墙的信息与其周边组成钢筋的信息串联起来,在预制构件 BIM 信息中心库进行储备、展示和应用。

通过扫描内隔墙构件,可以获取内隔墙构件的安装位置和安装方向,同时利用 BIM 管理平台,在 BIM 模型中对该内隔墙构件进行高亮显示,并可查看、确认安装位置等信息,指导吊装施工。

预制内隔墙构件吊装完毕后,如需对某个构件信息进行查询,可使用溯源管理功能,通过扫描预制构件芯片,查询该构件的基本信息、图纸信息、生产信息、工厂质检及出厂记录以及构件进场后的质检信息和吊装记录等,通过可即时查阅的数字化信息确保构件的准确及安全施工。

1.预制内隔墙板的类型选择分析

(1)案例项目从内墙免抹灰、保温隔热隔声、提高安装效率等方面考虑,内隔墙全部采用 ALC(蒸压轻质混凝土)预制内隔墙板,完工后内墙墙面可以免抹灰直接进行装修施工,不会出现污水横流的湿作业楼层。预制内隔墙施工前经过整层排板,根据层高选用合适尺寸的 ALC 预制内隔墙板,内墙施工阶段几乎不会造成材料浪费,利于节约社会资源,节能环保。

(2)采用 100 mm 厚 ALC 预制内隔墙板用于施工图中 100 mm 厚处的建筑墙;200 mm 厚墙板用于施工图中 200 mm 厚处的建筑墙,卫生间等有水区域的墙板应做防水处理。墙板应用的规范标准及图集有《蒸压轻质加气混凝土板》GB/T15762—2020、《蒸压轻质加气混凝土建筑应用技术规程》JGJ/T17—2020、《蒸压轻质砂加气混凝土(AAC)砌块和板材建筑构造》06CJ05、《内隔墙-轻质条板》10J113—1。

图 3-14 为 ALC 预制内隔墙板实物图,表 3-3 为 ALC 预制内隔墙板应用标准表。

图 3-14　ALC 预制内隔墙板实物图

表 3-3　ALC 预制内隔墙板应用标准表

序号	项目	国标要求	墙板检测指数
1	抗震等级	7(华南地区)	8
2	干密度/(kg/m³)	≤625	≤625
3	隔声量/dB	≥35(内墙)	37
4	抗压强度/MPa	≥5	≥5
5	耐火性/h	>2	>4
6	干燥收缩值/(mm/m)	≤0.5	≤0.36
7	导热系数(干态)/(W/m・K)	≤0.16	≤0.16
8	单点吊挂力/N	≥1000	≥1200

(3)类型选择时主要考虑 ALC 预制内隔墙板之间及其与结构柱、剪力墙之间的连接。同时,ALC 预制内隔墙板部位与梁顶、板底部位搭接的防开裂措施也是项目施工过程中的重点和难点,特别是精装后开裂问题的处理方案。

2.预制内隔墙板平面布置

预制内墙板平面布置如图 3-15 至图 3-21 所示。

数字化装配式钢筋混凝土结构建筑施工技术

图 3-15　1♯楼标准层内隔墙布置图

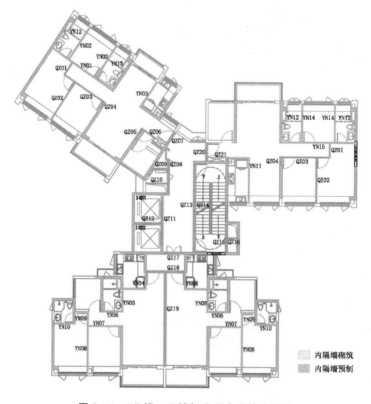

图 3-16　2♯楼、3♯楼标准层内隔墙布置图

图 3-17 4#楼标准层内隔墙布置图

图 3-18 5#楼标准层内隔墙布置图

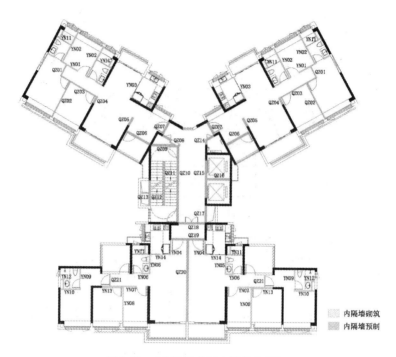

图 3-19 6♯楼标准层内隔墙布置图

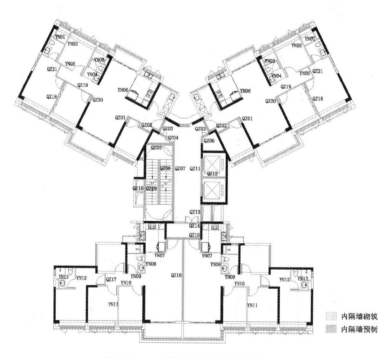

图 3-20 7♯楼标准层内隔墙布置图

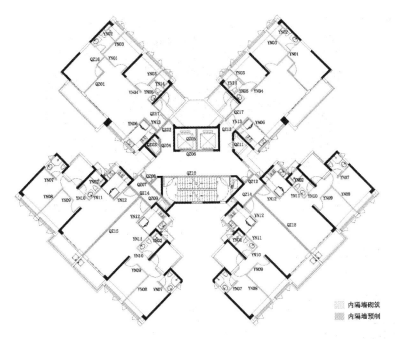

图 3-21 8♯楼标准层内隔墙布置图

3. 预制内隔墙板的堆放、运输及安装

1）预制内隔墙板的堆放

（1）ALC 预制内隔墙板应侧立堆放，堆放高度不超过 3 层，且下部应设垫木，两横向垫木应在距离板端 1/4 处放置，凹槽朝下侧立堆放，且立放角度不小于 75°。

ALC 预制内隔墙板存放方式如图 3-22 所示。

图 3-22 ALC 预制内隔墙板存放方式

（2）工作面的 ALC 预制内隔墙板应堆放在指定区域，如剪力墙边或靠近梁的楼面上；不得堆放在通道口和消防通道上；应侧立堆放，不得起立堆放，且不得单块板侧立堆放；堆放时应用钢筋固定卡或木楔顶住防止倾倒。

2）预制内隔墙板的运输

（1）预制内隔墙板运输前所有的构件应按图纸进行编号，并按现场施工顺序安排运输。

（2）运输前，墙板厂应组织司机、安全员等相关人员对运输道路的情况进行查勘（包括沿途上空有无障碍物，公路桥的允许负荷量，经过的涵洞净空尺寸等），规划好最优运输路线。根据各楼层的 ALC 预制内隔墙板数量用拖板车把 ALC 预制内隔墙板从工厂运到工地现场，随后马上组织人员在指定地点卸车并堆放整齐，根据各楼层实际所需尺寸，再用专用转运小车将 ALC 预制内隔墙板运至指定区域堆放整齐(图 3-23)。

图 3-23　单块 ALC 预制内隔墙板运输

4. 预制内隔墙板的安装

(1)施工工艺流程。

预制内隔墙施工工艺流程如图 3-24 所示。

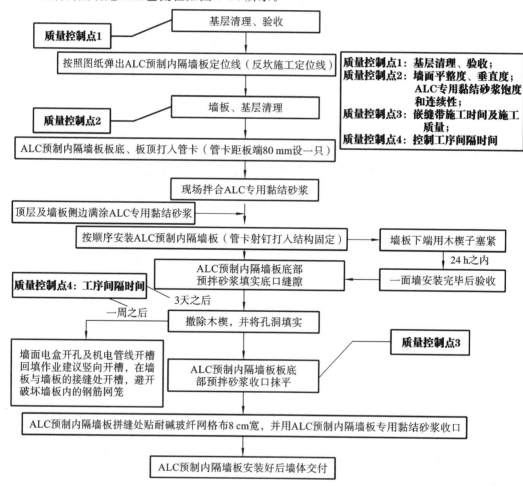

图 3-24　预制内隔墙施工工艺流程

预制内隔墙施工工艺如图 3-25 所示。

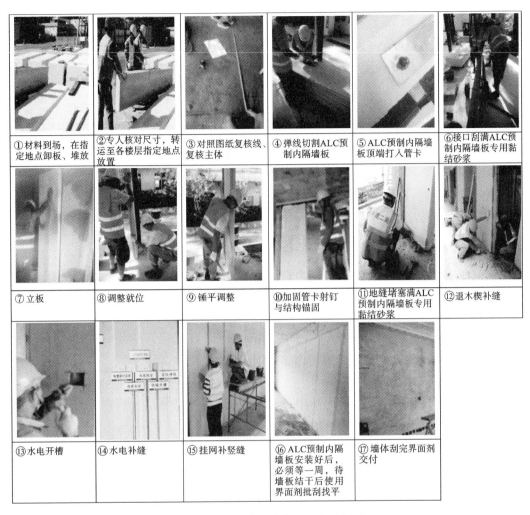

①材料到场,在指定地点卸板、堆放	②专人核对尺寸,转运至各楼层指定地点放置	③对照图纸复核线、复核主体

图 3-25 预制内隔墙施工工艺示意图

(2)预制内隔墙板安装要点。

①排板阶段,在线盒预埋和门窗洞口处宜为整板,补板宽度小于 300 mm 时必须夹放在倒数第二排。

②砂浆拌制适当掌握稠度,一次不宜拌制过多。

③安装立板时,不得来回错动 ALC 预制内隔墙板,以免砂浆分离。

④墙板安装结束后对刻槽和缺损部分进行修补。

⑤ALC 预制内隔墙板安装后 7 天内严禁碰撞、敲打和靠放物体,避免对墙体产生水平作用力。在砂浆未达到强度要求时严禁剔凿。

⑥ALC 预制内隔墙板水电开槽、立板完成后 7 天内禁止进行开槽作业,开槽必须用专用工具,不得随意用力敲打。

⑦地面施工时应采取相应的成品保护措施以防止墙面污染。

⑧应做好工序交接配合工作,在进行水、电、气等专业工种施工时,放线确定位置后机械开孔。

⑨对完成刮腻子、未验收的墙体,如需要修补应及时采取修补措施,验收后不得再进行任何剔凿。

⑩对于有 200 mm 高导墙(混凝土翻边)及接板安装的墙体,采用上楔法施工,即下部坐浆,用木楔固定,安装方法与下楔法基本相同。

(3)墙板水电开槽穿管工艺流程。

①线盒定位。

根据水电图纸画出预埋线盒位置。

②穿管槽定位。

根据穿线管孔个数及穿管槽标准在墙面精确定位出穿管槽位置。

③线盒开槽。

根据画出的线盒位置及穿管槽,使用专用切割设备切出孔位,然后用凿子轻凿开。

④敷设线管。

根据图纸在已开孔的线盒位置上穿插管线。

⑤槽孔封堵。

管线穿插完成后在开槽孔内用泡沫棒封堵剩余芯孔,线盒安装完成后应与板面持平。

⑥清理杂物。

上述工序完成后应把盒内杂物、灰尘清理干净,周边浇水湿润。

⑦补缝。

ALC 预制内隔墙板安装 15 天以后(一般在墙板装饰以前),待墙板静置期过后,用 ALC 板专用黏结砂浆补修墙面缺陷及收口。

(4)预制内隔墙板施工节点详图(以轻质条板为例)。

①轻质条板对接节点如图 3-26 所示。

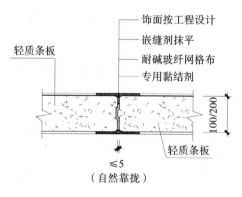

图 3-26　轻质条板对接节点(单位:mm)

②轻质条板"L"形连接节点如图 3-27 所示。

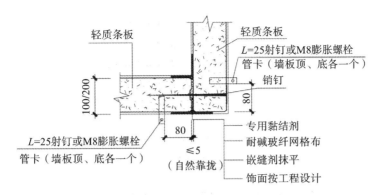

图 3-27　轻质条板"L"形连接节点(单位:mm)

③轻质条板与构造柱(墙)连接节点如图 3-28 所示。

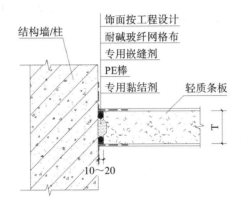

图 3-28　轻质条板与构造柱(墙)连接节点(单位:mm)

④轻质条板与砌体墙连接节点如图 3-29 所示。

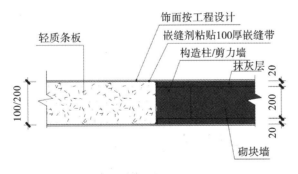

图 3-29　轻质条板与砌体墙连接节点(单位:mm)

⑤轻质条板与剪力墙连接节点如图 3-30 所示。

⑥轻质条板与结构板底连接节点如图 3-31 所示。

⑦轻质条板与地面连接节点如图 3-32 所示。

⑧无门垛门头板搭接大样如图 3-33 所示。

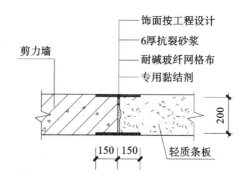

图 3-30　轻质条板与剪力墙连接节点(单位:mm)

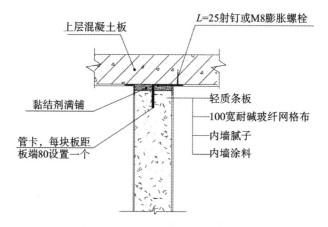

图 3-31　轻质条板与结构板底连接节点(单位:mm)

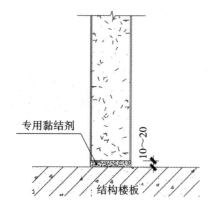

图 3-32　轻质条板与地面连接节点(单位:mm)

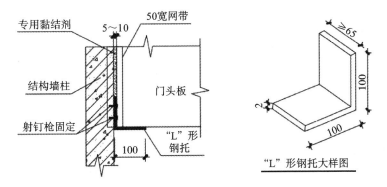

图 3-33 无门垛门头板搭接大样(单位:mm)

⑨小于 50 mm 宽门垛门头板搭接大样如图 3-34 所示。

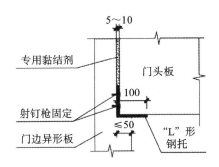

3-34 小于 50 mm 宽门垛门头板搭接大样(单位:mm)

⑩裂缝修补方案如图 3-35 所示。

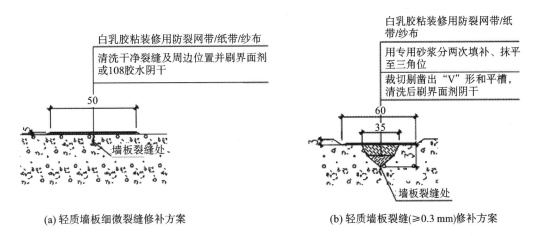

(a) 轻质墙板细微裂缝修补方案　　　　(b) 轻质墙板裂缝(≥0.3 mm)修补方案

图 3-35 裂缝修补方案(单位:mm)

5.质量保证措施

1)防开裂措施

根据实践经验,在我国南方地区采用预制内隔墙板时,施工安装完成后容易出现开裂的情况,裂缝主要集中在预制内隔墙板与结构墙柱的交接部位、门头板与垂直墙板的交接部位,这些裂缝会降低墙板的隔声性能,进而影响房屋交付、增加客户投诉风险,且裂缝的维修成本高昂,为了防止和减少裂缝产生,本项目采用以下防裂措施。

(1)采购预制内隔墙板时,应保证墙板的含水率不超标,以减小墙板施工后干缩变形的程度。采购前应考察供货商,成品不应露天堆放,发货运输过程中应采取防雨措施。

(2)合理安排施工顺序。采用分段逆序逐层安装施工的方法,每3层为一个施工段,按照"3—2—1""6—5—4""9—8—7"……"34—33—32"的施工顺序,可以减少上层填充墙板通过楼盖梁板向下层传递的荷载,减少裂缝产生。

(3)改善墙下砂浆填充的施工方法。预制内隔墙板安装时,一般采用木楔临时支顶墙板,在墙下缝隙内填充砂浆并达到一定强度后拆除,由于砂浆硬化过程中存在一定的干缩变形,如果木楔拆除过早,有可能加大墙板的沉降变形,故木楔的使用时间不得少于7天,且砂浆填充后的三天内应该对墙根进行淋水养护。

(4)改善填充砂浆的性能,墙下填充砂浆应具有微膨胀无收缩性能,以减少墙板沉降。墙板拼缝企口采用"玻纤网格布+聚合物补缝砂浆"抹平,墙板拼缝两侧设计有3~5 mm的凹陷,需要采用补缝砂浆找平,由于聚合物砂浆具有一定的柔性,在采用玻纤网格布后,具有一定的抗拉能力,并能够适应微小的变形,砂浆应分两次施工,在第一层薄抹砂浆表面粘贴玻纤网格布,待砂浆初凝后进行第二遍砂浆的抹平。

(5)预制内隔墙板安装后静置期最少为7天,静置期内不允许任何外力作用在墙体上;水电安装必须在隔墙安装14天后开槽开洞,严禁随意打洞;墙长超过6 m时应置构造柱,层高超过4.2 m时应置圈梁。

2)成品保护措施

(1)在指定的预制内隔墙板堆放区进行卸板、堆放作业。

(2)预制内隔墙板下设垫木堆放,两横向垫木在距板端1/4处放置,凹槽朝下侧立放,且立放角度不小于75°。

(3)预制内隔墙板应堆放整齐。

(4)预制内隔墙板搬运时,用专用小车推入施工电梯,每辆小车装板不超过2块,每次运输不超过6块,且应放置稳固,以免墙板倒下、断裂。

(5)预制内隔墙板安装完工后,与其他专业分包班组(特别是水电班组)进行工序移交及操作交底,保证预制内隔墙板不被破坏。

(6)工作面的预制内隔墙板应堆放在指定的区域(放置在结构梁上或剪力墙、柱附近),按不同规格堆放整齐,便于操作,并且避免集中堆放,应分散荷载以免造成结构损伤。

6.安全保证措施

1)安全专项措施

安装施工应保证3人一组,一人在撬动墙板时,两侧均应有人扶稳,防止墙板倾倒伤人。

预制内隔墙板运输时,一般用施工电梯送往各楼层。抬运墙板时,应两人操作,水平运输采用专用小推车。

2)安全教育工作内容

以"安全第一,预防为主"为原则,完善劳动保护措施,严格执行安全技术操作规程,严禁违章指挥,严禁违章作业,做到"三不伤害"——不伤害自己、不伤害别人、不被别人伤害,防范各类事故的发生。安全教育工作具体内容如下。

(1)进入工地必须做到安全文明施工,必须戴安全帽、穿反光背心。

(2)垂直运输采用施工点提示时,墙板必须固定牢固。

(3)用运板小车运板时,要立式装运,保证板位于小车中心,避免倾斜。

(4)墙板的包装打开后,要用钢筋把板卡死,防止墙板倾倒破坏墙板或砸伤脚。

(5)正确规范使用人字梯,确保使用人员的安全。

(6)在墙板安装过程中,墙板若未固定应贴安全告示,并设置防倾倒架。

(7)注意保护好其他施工班组的作业成果(例如管道、线管等)。

(8)要检查安装电圆锯锯片和冲击钻钻头的可用性,符合要求后进行使用。

(9)严禁高空抛物及向下倾倒施工垃圾。

(10)严禁电线乱拉乱接,临时用电电箱、电线必须架设。

(11)严禁施工人员在酒后、病中或疲劳的情况下作业。

(12)工作高度超过 2 m 且有坠落危险时,作业人员必须系挂安全带。

(13)动火作业严禁无证烧焊、无灭火器材、无申报动火手续和无安全跟进措施,必须严格按照"八不""四要""一清"执行。

3)安全施工要求

(1)吊运墙板应捆扎牢固,合理吊装。

(2)立板、装板、拼板时应按技术规程操作,分组进行,防止墙板下端滑移、倾倒、折断。

(3)墙体施工时,安装人员必须站在稳定的梯架上。未固定的墙体不得承受侧面作用力,施工梯架等不得倚靠墙板。

4)机械、机具、电气设备的安装和使用

(1)安装前按规定进行检测,合格后使用。

(2)使用前,按规定进行安全性能试验,合格后使用。

5)施工中的专项安全技术交底

施工中应根据施工组织设计和施工进度,向不同工种的施工人员进行专项的安全技术交底。

6)施工人员作业的安全要求

施工人员必须使用符合规定标准的防护用品,如安全帽、绝缘胶鞋、口罩等,并按下列安全要求操作。

(1)按应用技术规程进行施工。

(2)按国家劳动保护规定施工。

(3)发现异常后应采取有效防护措施,并向安全管理人员报告。

7）现场日常安全管理

加强施工现场日常安全巡视和检查,如发现事故隐患和违反安全标准等情况,应及时制止纠正。

8）安全监督检查

由安全监督员定期进行检查,发现问题后限期整改。

4 数字化装配式钢筋混凝土结构建筑智能施工

4.1 铝合金模板智能施工方案

铝合金模板是近年来出现的一种新型建筑模板,已经在我国及全球发达国家广泛应用,它在材质、施工效果、成本预算、使用寿命、环保等多方面均优于传统模板,同时也可以降低工程成本,提高工程质量,加快工期,避免施工过程中的人为出错,拆板后无工程垃圾残留,为施工人员提供一个安全、文明的工作环境。

铝合金模板智能施工方案是基于 BIM 应用和模型轻量化的铝合金模板智能施工技术平台,采用"铝合金国家标准体系＋三维建筑 BIM 技术＋管理平台"的模式,通过 5G、云平台、大数据、人工智能集成技术,利用 BIM 模型完成数字设计拼装图、生产清单、免拼清单等信息,与智能化仓储管理无缝结合,实现项目的可视化、过程化、精细化、规范化、文档化管理,从而达到模板免预拼、缩短工期、控制成本、提升项目质量、形成数字化资产的目的。铝合金模板智能施工技术平台具有自动配模功能,实现了墙、梁、板、楼梯、墙板的自动配模,大大提高了设计配模效率,实现了铝合金智能模板施工在项目立项、设计、加工、运输、施工、维护的全过程管理。

1.铝合金模板介绍

铝合金模板体系由模板系统、配件系统、支撑系统、加固系统组成。模板系统构成混凝土结构施工所需的封闭面,保证混凝土浇筑时建筑结构成型;配件系统为模板的连接构件,将单件模板连接成整体;支撑系统在混凝土结构施工过程中可保证楼面、梁底及悬挑结构的支撑稳固;加固系统可保证模板成型的结构宽度尺寸,使浇筑混凝土过程中模板不发生变形、胀模、爆模现象。

(1)构件节点。

铝合金模板配合预制构件的节点大样如图 4-1 所示。

(2)墙模系统。

模板标准墙板宽度为 400 mm,采用墙板与楼面 C 槽直接连接的安装形式,外墙 K 板抬升 50 mm,内外墙板高度相同。墙板通过背楞和对拉螺杆进行加固,对拉螺杆水平间距最大为 800 mm,竖直方向距离为 250 mm、550 mm、800 mm、600 mm。内墙支撑采用可调式长短斜支撑,用膨胀螺栓(或预埋环)固定于地面,另一端螺栓固定在背楞上,起到增强抗弯能力、调节垂直度的作用(图 4-2、图 4-3)。

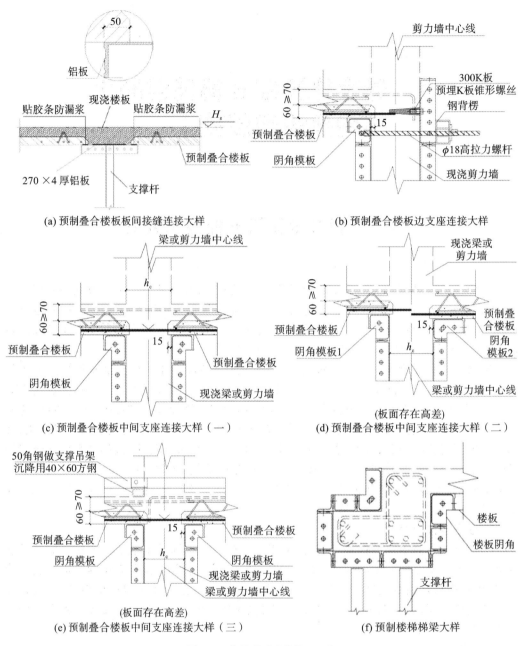

图 4-1　构件节点(单位:mm)

(3)梁模系统。

梁底采用早拆头设计模式,梁底支撑间距不大于1200 mm,梁底早拆头宽100 mm,早拆头之间为1100 mm宽的标准底板(图 4-4)。

(4)传料口设计。

铝合金模板通过传料口(200 mm×800 mm)垂直传递,洞口边采用斜面,上大下小便于后续封堵(图 4-5)。

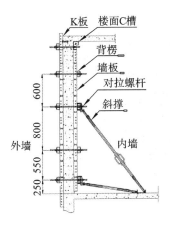

图 4-2　墙板配置及加固支撑截面示意图(单位:mm)

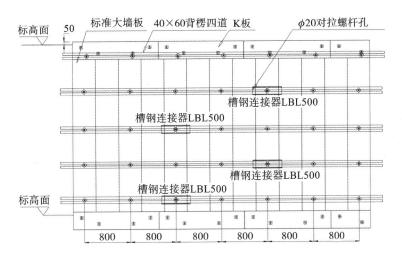

图 4-3　墙板配置及加固立面示意图(单位:mm)

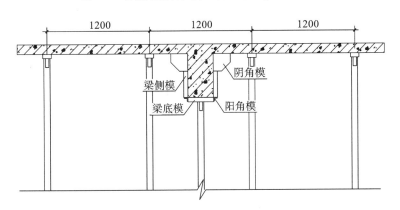

图 4-4　梁模板配置立面示意图(单位:mm)

(5)降板部位设计。

案例项目卫生间降板位置采用铝合金模板,除使用内支撑杆件保证降板区域设计尺

图 4-5　施工现场传料口

寸外，还要采用长角钢拉结于外墙、卫生间区域之外的地方，保证定位准确，在混凝土浇筑完成后、初凝前复测设计尺寸及定位(图 4-6)。

图 4-6　施工现场降板安装

(6)公共区域门洞位置做法。

公共区域防火门，如楼梯间门、通道门、管井门(含入户门)下挂到门头高度，其中入户门默认不设置企口，其他防火门应设置安装企口，企口规格由防火门制造单位提供，大样如图 4-7 所示。

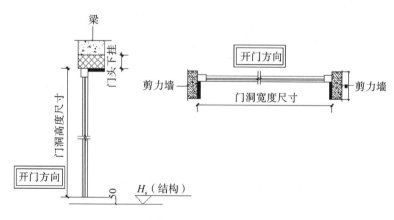

图 4-7　防火门做法示意图(单位:mm)

（7）楼梯位置做法。

楼梯内侧定位板设计为平结构面，一侧与电梯井墙板对拉，另一侧若为外墙则也需要设置对拉，并按照图纸要求设置预制楼梯的安装凹槽口，如图 4-8 所示。

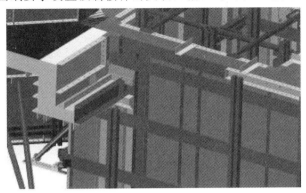

图 4-8　楼梯做法示意图

（8）铝合金模板装配式施工方案。

①铝合金模板与楼面板叠合方案。铝合金模板设计时楼面要布置阴角 C 槽，井字形布置铝合金模板，并与支撑连接在一起保证支撑的稳定性。预制叠合楼板之间的浇筑带采用铝合金模板时，铝合金模板可作为单支撑以及龙骨，预制叠合楼板可直接搭在铝合金模板上进行施工。如图 4-9 所示。

图 4-9　预制叠合楼板板底铝合金模板做法示意图

②铝合金模板与阳台、梁的加固方式参照墙体的节点做法。

③铝合金模板与预制楼梯搭接方式:预制楼梯使用铝合金模板完成主体墙板、梁的浇筑后,只需要将预制构件吊装上去即可,铝合金模板不需要做加固处理。

(9)现浇外墙门窗做法。

外墙门窗做法为前期在混凝土中预埋钢副框,后期再安装门窗。钢副框定位完毕之后,与钢筋绑扎形成整体并点焊牢固,然后封模进行混凝土浇筑,混凝土浇筑时在钢副框部位不能过度振捣,以免钢副框偏位(图4-10、图4-11)。

图 4-10 铝合金门、窗钢副框预埋大样图(单位:mm)

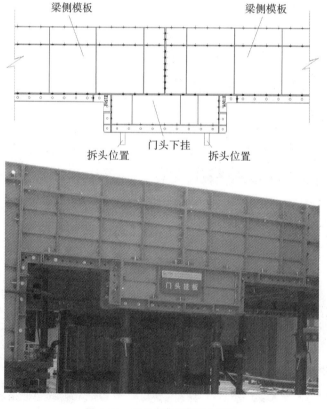

图 4-11 门头挂板配模示例图

2. 铝合金模板深化要点

(1)1♯～8♯楼铝合金模板设计标准层从 2 层墙柱至 33 层梁板,层高 2.9 m;一次深化成型的构造墙混凝土等级同当前层竖向墙体混凝土等级;与墙体一起浇筑的飘板、飘窗等构件的混凝土等级同结构墙柱混凝土等级。内墙(外墙内侧)背楞设置 4 道,外墙外侧背楞设置 5 道。内外墙拉片均设置 6 道,墙体方通设置 3 道。案例项目斜撑加固方式采用烟斗螺杆将竖向背楞连接于模板封边并压住横向方通,斜撑与竖向背楞配套使用,斜撑配置间距不大于 1.5 m。

(2)案例项目采用预制构件与铝合金模板配合施工,预制构件有预制叠合楼板、预制楼梯。

(3)外墙采用全现浇方式施工,包含外窗窗户矮墙、窗下挂、阳台栏板。

(4)滴水线槽做法:飘板、窗洞、阳台外梁的滴水线距外边线 20 mm,端部离墙边 20 mm。

(5)窗户防水企口:普通平窗、飘窗采用四边内凸企口,规格均为 20 mm×120 mm,上边采用带凹槽滴水型材。

(6)阳台推拉门防水企口:阳台推拉门采用三边内凸企口,规格为 20 mm×150 mm,底部不用预留凹口。

3. 铝合金模板平面布置

铝合金模板平面布置如图 4-12 至图 4-14 所示。

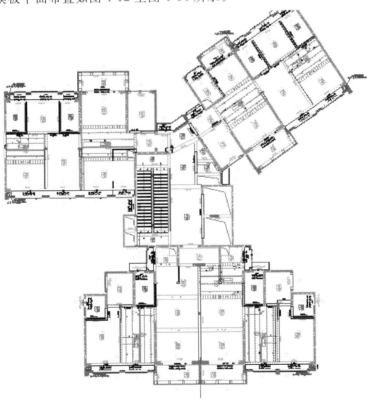

图 4-12　1♯、4♯、5♯、6♯、7♯楼铝合金模板平面布置图

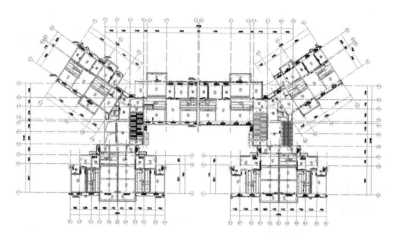

图 4-13　2♯、3♯楼铝合金模板平面布置图

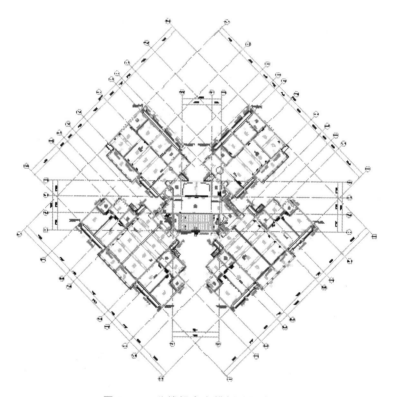

图 4-14　8♯楼铝合金模板平面布置图

4. 铝合金模板施工流程

为确保工程的施工进度,案例项目的铝合金模板施工流程遵循先安装剪力墙柱后安装梁板面的原则,采取整体一次浇筑混凝土的施工方式。

(1)墙柱模板安装流程如图 4-15 所示。

图 4-15 墙柱模板安装流程图

(2)墙柱模板拆除流程如图 4-16 所示。

图 4-16 墙柱模板拆除流程图

(3)梁板模板安装流程如图 4-17 所示。

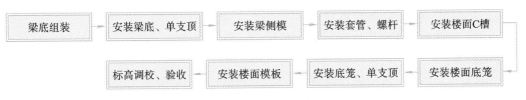

图 4-17 梁板模板安装流程图

(4)梁板模板拆除流程如图 4-18 所示。

图 4-18 梁板模板拆除流程图

5.智能施工步骤

1)墙柱定位放线

(1)需要放出的线:墙柱定位线及相关控制线;楼面向上 50 cm 处预埋钢筋标高线,以检测混凝土浇筑质量。

(2)施工总承包单位提供的线:楼面向上 1 m 标高线应放在相对较为固定的位置,保证该层模板施工时标高线不会发生沉降。

(3)切定位钢筋:根据墙柱尺寸切好定位钢筋(定位钢筋长度=墙柱尺寸-2 mm,定位钢筋直径为 10~12 mm)。

(4)焊定位钢筋:在放线两头各收进 1 mm 处,垂直墙柱线的方向焊接定位钢筋,定位钢筋焊接高度距楼面 60 mm,每隔 400 mm 焊接一根定位钢筋。

2）标高抄平

（1）根据 50 cm 标高线检查混凝土浇筑质量，要求误差在±10 mm 范围内。误差过低会导致楼面板厚偏小，引起模板下部漏浆；误差过高时墙柱板无法安装就位，需要由混凝土施工班组打凿。

（2）检查钢筋是否超出墙柱线，若超出墙柱线则模板无法安装就位，需要由钢筋施工班组先行处理。

（3）检查脚手架附墙点是否阻碍铝合金模板安装就位，如影响铝合金模板安装，应协调脚手架单位及铝合金模板制造单位进行修改调整。

（4）检查上一层墙柱位置、截面尺寸情况，如出现偏位或胀模等情况，需打凿混凝土表面，以免影响下一层模板安装。

（5）检查所有放线是否准确，放线误差要求在±5 mm 范围内，且不能出现累积误差。

3）安装墙、柱模板

（1）在墙身板安装之前应检查板面混凝土标高，如因板面混凝土超高导致墙身板无法精确就位，则应在安装墙身板前进行打凿。

（2）将运输上来的模板进行清理，刷上脱模剂，板侧边和正面都要刷到位（头三层拼装刷油性脱模剂，之后刷水性脱模剂）。

（3）按照放线位置及定位筋位置准确地将外墙板安装到位，同时注意加固顶撑以避免墙身板倒塌伤人。

（4）在安装内墙板前应进行钢筋验收，以免墙板安装好后钢筋无法验收。

（5）安装内墙板时，有背楞孔的位置应逐一将胶杯胶管安装好并穿好螺杆，同时可适当添加等于墙柱截面尺寸的水泥内撑条。

（6）在墙身板安装好后即可进行楼梯边龙骨、楼梯底板、楼梯侧板的安装。

（7）楼梯底板、楼梯侧板安装完成后协调钢筋工绑扎楼梯钢筋。

（8）首层外墙板拼装时由于没有 K 板，应在模板底部垫方木并结合"步步紧"加固。

4）安装梁模板

（1）在楼面预先组装好梁底模板。

（2）将梁底模板整体落位在对应的墙板位置，同时将单支顶支撑在相应位置。

（3）初步调整单支顶，使梁底模板安装位置大致水平。

（4）在梁底模板安装完成后安装梁侧板。

5）安装楼面板

（1）在楼面预先组装好面板中间支撑。

（2）将面板支撑整体就位，同时安装调整单支顶。

（3）安装其他标准楼面板。

（4）板面安装完成后，对板面进行仔细检查，如是否有错台、拼缝是否过大、窗压槽和滴水线是否装错与掉落等问题。

6）模板加固调整

（1）安装背楞，同时进行加固拧紧，使对拉螺杆两边留出的长度大致相等。

（2）安装剪刀撑、小斜撑等配件并拧紧相关螺母。

（3）在墙身板底部以上 950 mm（内墙应再提高 50 mm）处做好标记，利用激光扫平仪对准 1 m 标高线来调整模板安装整体标高，同时利用塔尺调整天花板平整度，将模板顶板误差调整到 3 mm 范围内，超出部分利用单支顶调节高度。

（4）利用激光扫平仪及钢直尺、磁力线坠等工具调整墙柱板垂直度、平整度，误差应控制在 3 mm 范围内。

7）沉箱、降板安装

（1）根据图纸上吊模位置安装吊模并加固调整。

（2）安装相关盒子并固定。

8）整体校正、加固检查及墙模板底部填灰

（1）每个单元的水平标高调整完毕后，应对整个楼面做一次水平标高的校核。

（2）检查墙身对拉螺丝是否拧紧。

（3）墙身模板底部用 M5 砂浆填实。

（4）楼面板及梁板清洁干净后刷脱模剂。

9）安装验收

（1）待全部安装调整完成后进行最后的检查工作，先由班组进行自检，再由施工部、质量部、技术部联合检查，检查结果满足相关要求后报监理进行最后验收，否则应整改到符合规范及方案要求后，重新进行验收程序。

（2）检查首层外墙底部是否已封堵牢固，沉降位置底部封堵是否牢固。

（3）检查各背楞及剪刀撑是否已布置完整，销钉、销片是否满足要求，所有螺母是否已拧紧，吊模尺寸、位置、加固是否满足要求，盒子安装是否有遗漏。

（4）模板安装的允许偏差及检验方法如表 4-1 所示。

表 4-1　模板安装的允许偏差及检验方法

序号	项目		允许偏差/mm	检验方法
1	模板垂直度		2	水准仪或吊线、钢尺检查
2	墙、柱、梁模板平整度		2	水准仪或拉线、钢尺检查
3	墙、柱、梁模板轴线位置		3	水准仪或钢尺检查
4	底模上表面标高		±5	水准仪或拉线、钢尺检查
5	截面内部尺寸	柱、墙、梁	+4 −5	钢尺量检查
6	单跨楼板模板的长宽尺寸累计		±5	水准仪或钢尺检查
7	相邻模板表面高低差		1.5	钢尺检查
8	梁底模、楼板模板表面平整度		3	水准仪或 2 m 靠尺、塞尺检查
9	相邻模板拼接缝隙宽度		≤1.5	塞尺检查

（5）模板与模板之间的连接销钉、销片数量必须满足要求。

（6）整个楼层板面模板铺设完毕后，必须把模板表面及梁内的垃圾清理干净，便于钢筋班绑扎钢筋。

（7）模板的支撑、加固、校正必须满足要求。

（8）对跨度不小于 4 m 的现浇钢筋混凝土梁、板，其模板应按设计要求起拱。当设计无具体要求时，起拱高度宜为跨度的 1/1000～3/1000，安装时通过调整单支顶插销，调节起拱高度。模板调整和验收时，通过激光扫平仪对准标高线配合塔尺来检验和调整起拱高度。

（9）合模前要检查构件竖向接合处的面层混凝土是否已经凿毛。

（10）对通排柱模板，应先校正固定两端柱模板，再拉通长线校正中间各柱模板。

（11）挑檐模板必须撑牢拉紧，防止其向外倾覆，确保安全。

（12）墙模板安装时，要使两侧穿孔的模板对称放置，确保孔洞对准，以使穿墙螺栓与墙模保持垂直。

（13）墙模板上口必须在同一水平面上，控制墙顶标高一致。

10）混凝土浇筑

（1）在布料机已安装完毕后应在布料机四个角各加上三个单支顶，以防止布料机震动对楼板浇筑质量产生影响。

（2）浇筑混凝土过程中应安排两个人员看模，监视浇筑情况，如发现销钉、销片因震动脱落应立即加上；单支顶松动应立即加固；如出现局部胀模、爆模现象应提醒施工人员先浇筑其他位置，待有问题处封堵加固好后再重新浇筑。

（3）浇筑过程中待剪力墙、梁浇筑完成后应用激光扫平仪测量模板垂直度、水平度，如浇筑过程中发现尺寸变化应马上调整相关紧固件以确保在混凝土成型之前及时调整过来。

（4）看模过程中注意物项保护，一些加固系统的混凝土板不能拆除破坏，吊模等不太稳固的位置应提醒施工人员不要踩踏，楼梯等脆弱部位应提醒施工人员不能在同一地点长时间震动。

（5）在浇筑过程中如遇到布料机位置移动的情况，应移动布料机脚下四个单支顶。

（6）做好底部封堵，注意浇筑过程中是否有销钉松动脱落等情况，防止漏浆对模板造成污染。

11）模板拆除

（1）拆除墙柱侧模。当混凝土强度达到 1.2 MPa 时，即可拆除侧模，一般情况下混凝土浇筑完 12 h 后可以拆除墙柱侧模。先拆除斜支撑，后松动、拆除穿墙螺栓；拆除穿墙螺栓时，用扳手松动螺母，取下垫片，除下威令，轻击螺栓一端，至螺栓退出混凝土。拆下的模板和配件应及时清理，并通过上料口搬运至上层结构。模板拆除时注意避免损伤结构的棱角部位。

（2）拆除顶模。当浇筑完成后的混凝土强度达到设计强度的 50% 后方可拆除顶模，一般情况下混凝土浇筑完成 48 h 以后可以拆除顶模。顶模拆除先从梁、板支撑杆连接的位置开始,拆除梁、板支撑杆和与其相连的连接件,紧接着拆除与其相邻梁、板的销子和楔子,然后就可以拆除铝合金模板了。每一列的第一块铝合金模板被搁在墙顶边模的支撑口上时,要先拆除邻近铝合金模板,然后从需要拆除的铝合金模板上拆除销子和楔子,利用拔模工具把相邻铝合金模板分离开来。拆除顶模时应确保支撑杆保持原样,不得松动。

(3)拆除支撑杆。支撑杆的拆除应符合《混凝土结构工程施工质量验收规范》GB 50204—2015中关于底模拆除时的混凝土强度要求,根据留置的拆模试块来确定支撑杆的拆除时间。一般情况下,混凝土浇筑完成10天后拆除板底支撑,14天后拆除梁底支撑,28天后拆除悬臂底支撑。拆除每个支撑杆时,用一只手抓住支撑杆,另一只手用锤子向松动方向锤击可调节支点,即可拆除支撑杆(图4-19)。

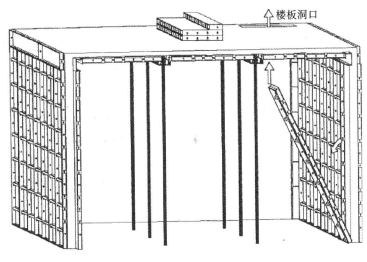

图4-19　模板拆除示意图

12)模板拆除注意事项

(1)拆模时应从一端开始,从上至下,防止模板坠落伤人,造成安全事故。

(2)拆除模板后及时拆除穿墙螺杆。

(3)拆除前应架设工作平台以保证安全。

(4)混凝土强度必须达到设计允许值方可拆除模板。

(5)拆除模板时切不可松动和碰撞支撑杆。

(6)拆下模板后应立即清理模板上的污物,并及时刷涂脱模剂。

(7)施工过程中弯曲变形的模板应及时运到加工场进行校正。

(8)拆下的配件要及时清理、清点、转移至上一层。

(9)拆下的模板通过预留传递孔或楼板空洞传运至上层,零散的配件通过楼梯搬运。

6.预制构件与铝合金模板拼接处防漏浆措施

预制叠合楼板需要在与铝合金模板拼接处预留螺母,铝合金模板安装时通过特殊垫片与其连接,防止漏浆,如图4-20所示。

为配合预制叠合楼板吊装,铝合金模板按板底标高配置楼面阴角,并在阴角靠剪力墙

图 4-20 铝合金模板安装现场

位置贴 2 mm 宽双面胶带,防止漏浆。预制叠合楼板之间交接位配 200 mm 宽铝合金模板,并设三层工具式楼面支撑,支撑间距为 1200 mm,满足预制叠合楼板受力及防漏浆要求。具体如图 4-21、图 4-22 所示。

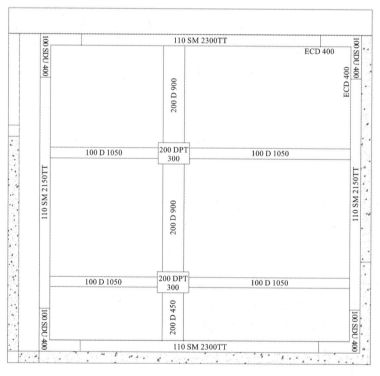

图 4-21 铝合金模板与预制叠合楼板配模示意图

图 4-22 施工现场照片

7.铝合金模板与砌筑隔墙拼缝做法

铝合金模板与砌筑隔墙拼缝做法如图 4-23 至图 4-26 所示。

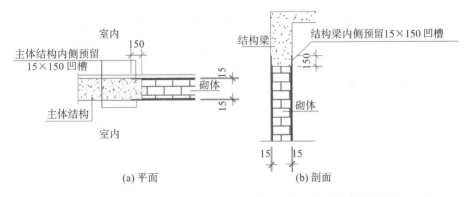

图 4-23 铝合金模板现浇剪力墙与砌筑隔墙(双墙)平行连接做法(单位:mm)

8.安全保证措施

(1)在墙、柱子上继续安装模板时,模板应有可靠的支承点,墙、柱及梁的对拉螺杆应平直相对,对拉螺杆不得斜拉硬顶,以防螺杆因受力不均局部拉断造成爆模现象。

(2)施工机具应由现场机电工进行检修后才可运转,必要的防护罩等设施应配置齐全,电动机具的接电规范要符合现场有关机具与用电安全制度的要求。

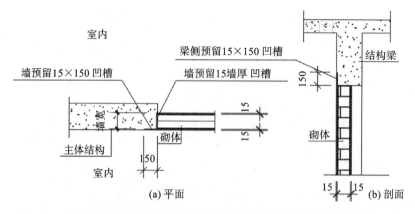

图 4-24　铝合金模板现浇剪力墙与砌筑隔墙(单墙)平行连接做法(单位:mm)

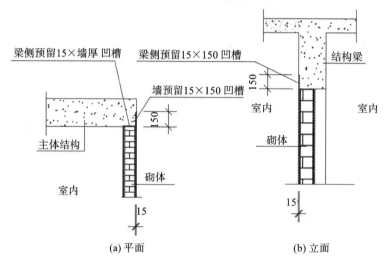

图 4-25　铝合金模板现浇剪力墙与砌筑隔墙"L"形连接做法(单位:mm)

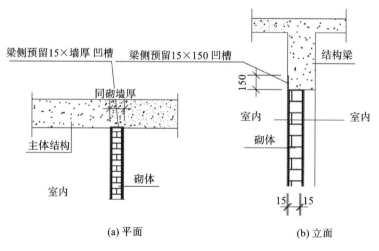

图 4-26　铝合金模板现浇剪力墙与砌筑隔墙"T"形连接做法(单位:mm)

（3）作业时各种配件应放在工具箱或工具袋中，严禁直接放在模板或脚手架上，防止掉落。操作人员进行施工操作时均应戴好安全帽并系好帽扣，高空作业时应系好安全带，挂好挂钩。

（4）安装墙、柱模板时，应随时支撑固定，防止倾覆。

（5）安装中及安装完成的梁板模上，不得集中堆载或堆放过重的机具、材料。

（6）模板支设完毕浇筑混凝土时，必须有专人看护模板，对墙柱及梁板的支撑和对拉严密监控，发现胀模、爆模等情况应立即中止混凝土浇筑并及时进行加固。

（7）拆模操作前，由施工员及班组长对施工班组进行详细的安全技术交底。

（8）拆模操作时，上下应有人接应，随拆承运转，并应把活动部件固定牢靠，严禁堆放在脚手板上或抛掷。高度超过3.6 m时，应采用可靠的登高工具，除了操作人员，下面不得站人，高处作业人员应挂好安全带。

（9）拆除承重模板时，必要时应先设立临时支撑，防止模板整块坍落。

（10）拆模时，操作人员应站在安全处，待该片模板全部拆除后，才可以将模板、配件、支架等运出堆放。

（11）拆下的模板及配件等严禁抛扔，要有人接应传递，在指定的地点分规格堆放整齐，并做到及时清理、维修。

4.2　附着式升降脚手架智能施工方案

附着式升降脚手架是21世纪初快速发展起来的新型脚手架技术，对我国施工技术进步具有重要影响。它将悬空作业变为架体内部作业，具有显著的低碳性、科技性和更经济、更安全、更便捷等特点。

附着式升降脚手架是指搭设一定高度并附着于工程结构上的外脚手架，其依靠自身的升降设备和装置可随工程结构逐层爬升或下降，并自带防倾覆、防坠落装置。附着式升降脚手架主要由附着式升降脚手架架体结构、附着支座、防倾装置、防坠落装置、升降机及控制装置等构成。

附着式升降脚手架的特点如下。

（1）低碳性：可节约钢材用量70%，节省用电量95%，节约施工耗材30%。

（2）经济性：45 m以上的建筑均适用，楼层越高经济性越明显，每栋楼可综合节约30%～60%成本。

（3）实用性：可应用于各种结构类型的建筑。

（4）安全性：采用全自动同步控制系统和遥控系统，可主动预防不安全状态，并采用多重设置的星轮防坠落装置防止复位装置失效等故障，能够确保防护架体始终处于安全状态，有效防坠。

（5）智能化：采用微电脑荷载技术控制系统，能够实时显示升降状态，自动采集各提升机位的荷载值。当某一机位的荷载超过设计值的15%时，以声光形式自动报警并显示报警机位；当荷载超过设计值的30％时，该组升降设备将自动停机，直至故障排除，有效避免了因超载或失载过大而造成的安全隐患。

（6）机械化：实现低搭高用功能。在建筑主体底部一次性组装完成，附着在建筑物上，随楼层高度的增加而不断提升，整个作业过程不占用其他起重机械，可大大提高施工效率，且使施工现场环境更人性化，管理维护更轻松，文明作业效果更突出。

（7）美观度：突破传统脚手架杂乱的形象，使施工现场整体形象更加简洁、规整，能够更有效、更直观地展现项目的安全文明形象。

1. 施工简况

案例项目工程外围护设施采用附着式升降脚手架，附着式升降脚手架机位确定后，采用铝合金模板现场开孔工艺预埋套管，附着式升降脚手架高度14 m。1♯～8♯楼附着式升降脚手架信息见表4-2。

表4-2　1♯～8♯楼附着式升降脚手架信息

序号	楼号	层数/层	层高/m	结构周长/m	爬升高度/m	机位数/个	分组/个	架体高度/m
1	2♯、3♯	33	2.9	274.85	91.35	65	2	14
2	1♯、4♯、5♯、6♯、7♯	33	2.9	201.75	91.35	39	2	14
3	8♯	33	2.9	207.06	88.45	49	2	14

2. 平面、立面布置图

项目各楼栋附着式升降脚手架平面布置如图4-27至图4-29所示，立面布置图如图4-30所示。

图4-27　1♯、4♯、5♯、6♯、7♯楼附着式升降脚手架平面布置（单位：mm）

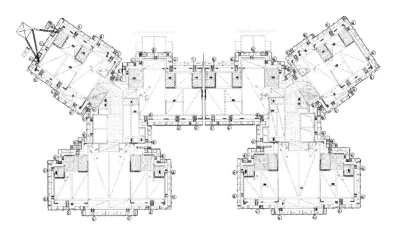

图 4-28　2♯楼、3♯楼附着式升降脚手架平面布置

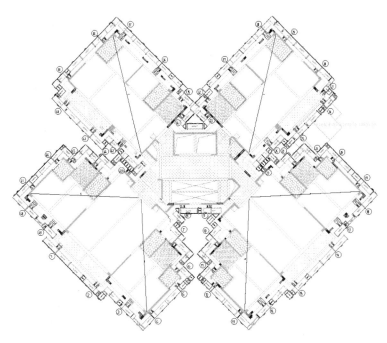

图 4-29　8♯楼附着式升降脚手架平面布置

3. 施工技术工艺

1）施工工艺总流程

附着式升降脚手架施工工艺总流程如图 4-31 所示。

2）施工准备

（1）技术准备。

熟悉施工图纸，了解结构尺寸，掌握主体及装修施工工艺过程，清楚塔吊及升降机等垂直运输设备的分布，确定附着式升降脚手架机位平面分布及方案设计，科学地编制实施性施工组织设计方案。

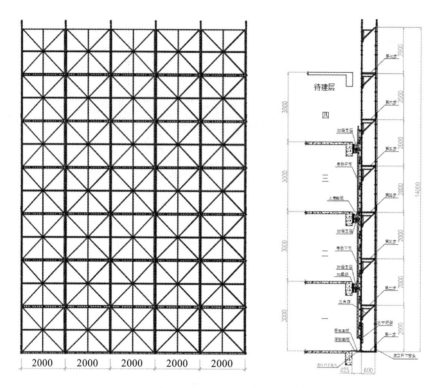

图 4-30　附着式升降脚手架立面布置（单位:mm）

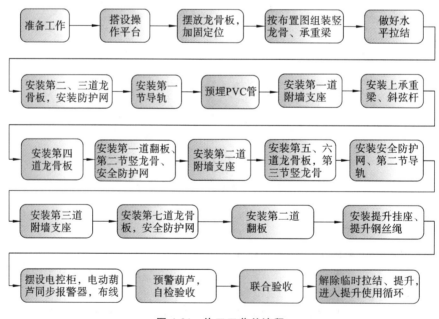

图 4-31　施工工艺总流程

（2）安全技术交底及培训。

施工项目部有关人员及附着式升降脚手架操作人员在附着式升降脚手架进场后，应接受有关附着式升降脚手架的全面安全技术交底。附着式升降脚手架操作人员在附着式升降脚手架进场后，应首先参加三级安全教育和岗前施工技术、施工安全、文明施工、劳动纪律教育培训。

每道工序施工前，附着式升降脚手架技术负责人应编写详尽的施工技术交底资料交给操作人员，其中作业标准、技术要求、安全要点等内容需要有关人员签字存档。

3）附着式升降脚手架安装工艺

（1）案例项目附着式升降脚手架采用逐层组装的方式安装，确保任何时间段附着式升降脚手架防护都超出结构面至少1.2 m，附着式升降脚手架材料分批进场，边进场边组装，不需要提供地面组拼场地，对场地面积需求小。附着式升降脚手架组装期间，需要塔吊等机械设备的配合，附着式升降脚手架导轨需要用塔吊吊装，卸料平台等材料也需要用塔吊转运。安装期间需要和塔吊及其他班组积极配合协商，以免影响附着式升降脚手架的安装进度。

（2）安装流程：搭设平台架并做水平调整→铺设龙骨板→安装竖龙骨、辅助竖龙骨→加辅助支撑杆及斜拉杆→水平刚性拉结→安装第二、三道龙骨板→安装安全立网→安装下节导轨、第一道附墙件并卸荷→安装中节竖龙骨、辅助竖龙骨→连续组拼架体直到安装完2层各组架为止→连续组拼架体直到安装完3层各组架为止→连续组拼架体直到安装完架体为止→铺设电源线→安装提升设备（进入运行阶段）。

（3）具体操作步骤：案例项目在浇筑第2层混凝土前，提前在结构楼板面预埋 φ48 钢管，间距不大于4.5 m，可根据现场实际情况进行调整。当开始浇筑第2层混凝土时，同步安装附着式升降脚手架，附着式升降脚手架随着主体施工进度逐层安装，附着式升降脚手架安装和施工进度关系如下。

①按平面布置图的标注尺寸摆放第一道龙骨板，用专用的节点板连接龙骨板并用扣件固定（图 4-32）。

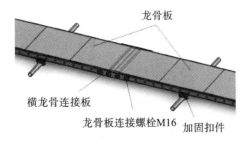

图 4-32　步骤①示意图

②按平面布置图的标注尺寸组装竖龙骨，用专用的斜杆固定好竖龙骨（图 4-33）。

③按方案的设计要求组装第二道龙骨板，在安装好第二道龙骨板后必须对架体进行拉结（图4-34）。

④按方案的设计要求组装安全网（图 4-35）。

⑤架体组装时水平拉结效果如图 4-36 所示。

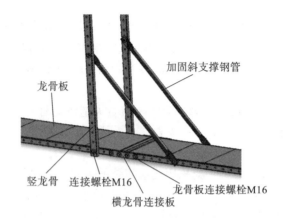

图 4-33 步骤②示意图

图 4-34 步骤③示意图

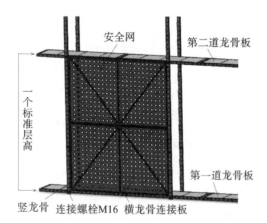

图 4-35 步骤④示意图

图 4-36　水平拉结效果

⑥附着式升降脚手架组装流程如图 4-37 至图 4-44 所示。

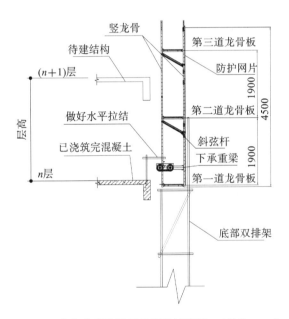

图 4-37　附着式升降脚手架组装流程图一（单位：mm）

注：附着式升降脚手架第 n 层在搭设好的双排架上拼装，拼装完后，此时附着式升降脚手架搭设 4.5 m 高；主要构件包括第一节竖龙骨，第一、二、三道龙骨板，三道防护网片，下承重梁和斜弦杆。在第 n 层楼板面做好水平拉结，用专用拉结杆拉结到立杆和预埋钢管上，拉结杆间距不大于 4.5 m。

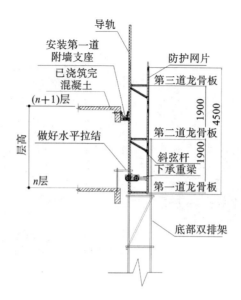

图4-38 附着式升降脚手架组装流程图二(单位:mm)

注:当第 $n+1$ 层楼板浇筑完混凝土后,安装第一节导轨,待混凝土凝固12 h后,及时安装第一道附墙支座,附墙支座起到卸荷防倾覆的作用。此时附着式升降脚手架荷载可有效地传递到建筑结构上,减少底部双排架承受的荷载。安装附墙支座前,附着式升降脚手架对双排架的最大荷载为3 kN/m²。

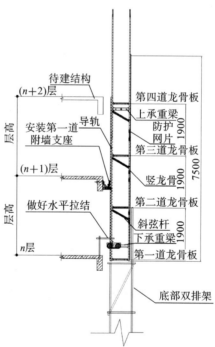

图4-39 附着式升降脚手架组装流程图三(单位:mm)

注:当第 $n+2$ 层结构开始施工时,安装第二层附着式升降脚手架,将架体外防护网片安装至7.5 m高。附着式升降脚手架主要构件包括第一道翻板、第四道龙骨板、第二节竖龙骨、两道防护网片、上承重梁、斜弦杆。

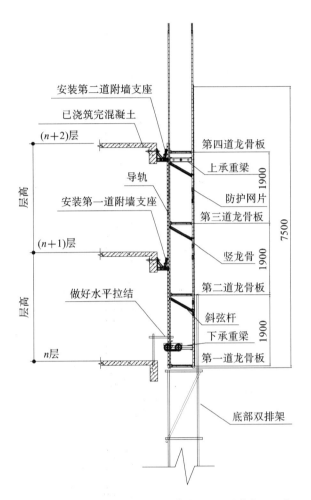

图 4-40 附着式升降脚手架组装流程图四(单位:mm)

注:当第 $n+2$ 层楼板浇筑完混凝土后,待混凝土凝固 12 h 后,及时安装第二道
附墙支座,此时附着式升降脚手架竖向有两道附墙支座,相互形成有效牵扯。

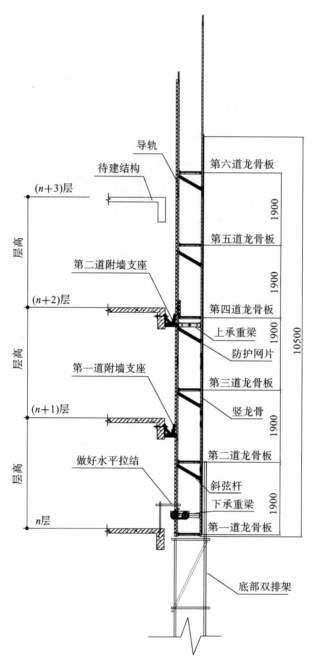

图 4-41 附着式升降脚手架组装流程图五(单位:mm)

注:当第 $n+3$ 层结构开始施工时,安装第三层附着式升降脚手架,将架体外
防护网片安装至 10.5 m 高。附着式升降脚手架主要构件包括第二道翻板、
第三节竖龙骨、第二节导轨、第五和第六道龙骨板、两道防护网片、斜弦杆。

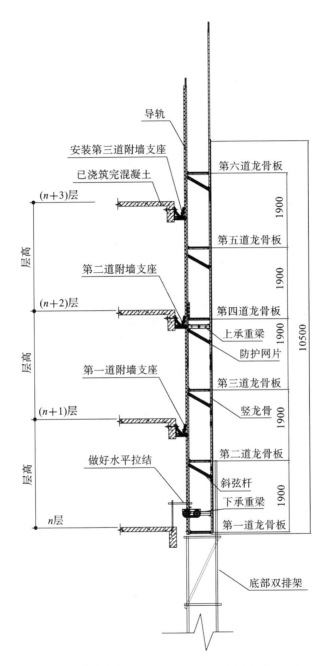

导轨

安装第三道附墙支座

已浇筑完混凝土

(n+3)层

层高

第二道附墙支座

(n+2)层

层高

第一道附墙支座

(n+1)层

层高

做好水平拉结

n层

第六道龙骨板

1900

第五道龙骨板

1900

第四道龙骨板

上承重梁

1900

防护网片

第三道龙骨板

10500

竖龙骨

1900

第二道龙骨板

斜弦杆

1900

下承重梁

第一道龙骨板

底部双排架

图 4-42 附着式升降脚手架组装流程图六（单位：mm）

注：当第 n+3 层楼板浇筑完混凝土后，待混凝土凝固 12 h 后，及时安装第三
道附墙支座。

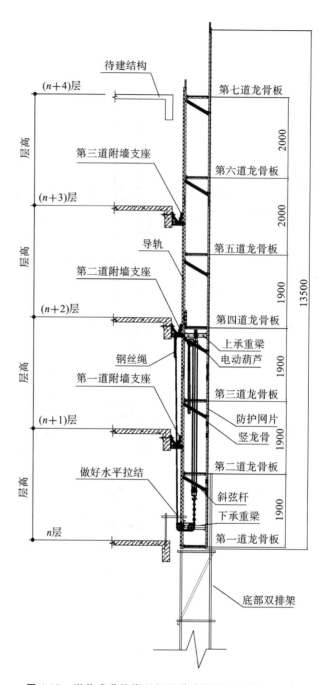

图4-43 附着式升降脚手架组装流程图七(单位:mm)

注:当第 $n+4$ 层结构开始施工时,安装第四层附着式升降脚手架,将架体外防护网片安装至13.5 m高。附着式升降脚手架主要构件包括第七道龙骨板、两道防护网片、斜弦杆、电动葫芦、电控系统。架体安装完成后,再安装提升挂座和提升钢丝绳,准备提升。

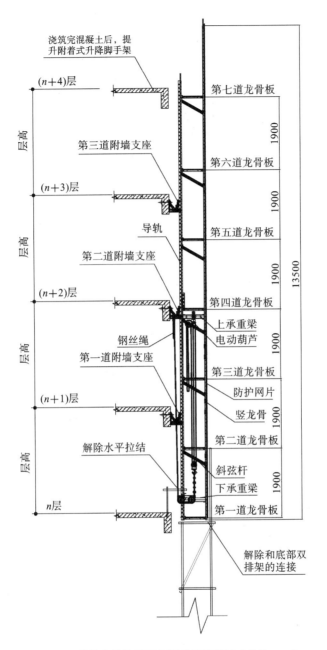

图 4-44 附着式升降脚手架组装流程图八(单位:mm)

注:当第 $n+4$ 层楼板浇筑完混凝土,混凝土凝固 12 h 以后,附着式升降脚
手架开始提升,提升前,应解除附着式升降脚手架和双排架的连接以及架
体与结构的临时拉结(施工总承包单位应及时拆除侧模)。

(4)各细部节点连接方式。

①第一道龙骨板的安装。

将龙骨板与结构物平行摆放,根据施工平面图调整龙骨板内边缘与结构的间距,并用
十字扣件在平台小横杆上把部分龙骨板夹牢固定(图 4-45)。

图 4-45　龙骨板连接节点图

②竖龙骨的安装。

每块龙骨板两侧每间隔 100 mm 均有预留孔,按照平面布置图的标注尺寸组装竖龙骨,由于竖龙骨仅靠一个螺栓无法固定,因此要采用专用的加固件进行紧固处理。如图 4-46所示。

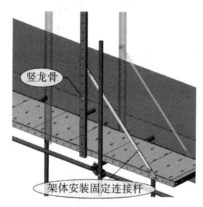

图 4-46　竖龙骨安装节点图

③安全网的安装。

按平面布置图中的标注安装安全网,安全网与竖龙骨之间通过专用托扣采用 M16 螺栓连接。如图 4-47 所示。

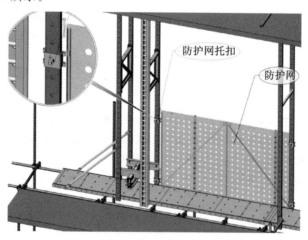

图 4-47　防护网安装节点图

④导轨的安装。

按平面布置图中的标注尺寸在机位处安装导轨,导轨采用 M16 螺栓与龙骨板连接。如图 4-48 所示。

⑤附墙支座的安装(附着式升降脚手架附着支承结构)。

导轨安装完成后,安装附墙支座,附墙支座采用 M32 穿墙螺栓附着于工程结构上,并与导轨连接,承受并传递脚手架上的载荷。如图 4-49 所示。

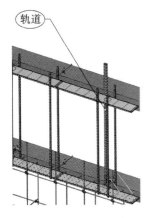

图 4-48　导轨安装节点图

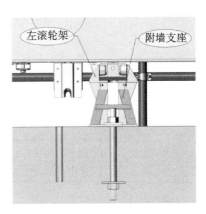

图 4-49　附墙支座安装节点图

⑥密封翻板的安装。

在附着式升降脚手架第一、第四道龙骨板处与墙体之间分别安装一道翻板,翻板使用 t3 花纹钢板制作,宽 350~600 mm,利用标准件或铰链连接,用 ST4.8×25 六角法兰面自攻螺钉固定在走道板处内挑板上。每块翻板不少于两个合页,每个合页由不少于 3 颗螺钉固定。

翻板应连续设置,两块搭接重叠不小于 50 mm。拼缝及与脚手板和建筑物的间隙应小于 10 mm,翻板水平夹角应控制在 30°~60°,下部距走道板边缘的距离不得低于 10 mm。如图 4-50 所示。

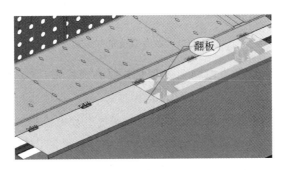

图 4-50　密封翻板的安装节点图

⑦电缆、电控柜、电动葫芦的安装。

电缆的布置要求:配电系统采用三相五线制的接零保护系统,从控制室开始沿两边架体铺设至分片处;电缆线应穿入PVC管铺设在第四道龙骨板下,并用扎带与架体固定,以免受到冲击造成意外;电缆长度要考虑预留提升一层的长度。

电控柜的安装要求:电控柜采用可靠的接零或接地保护措施,需设漏电保护装置、交流主电源总线、五芯线,进入控制台前必须加设保险丝及电源总闸(图4-51)。

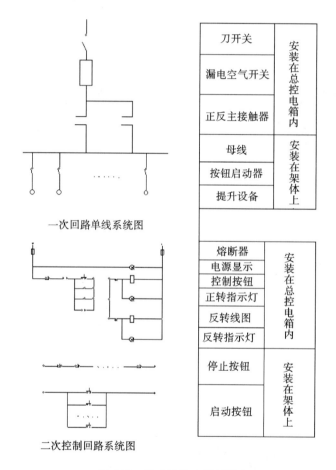

一次回路单线系统图

二次控制回路系统图

图 4-51 动力系统电气原理

电动葫芦的安装要求:所有电动葫芦在安装前必须检查,安装时,必须检查链条是否翻转、扭曲,防止卡链。接通电源后必须保持正反转一致,在使用过程中换接电源线,亦必须保持正反转的绝对一致,以通电试机为准。同步提升误差不得大于30 mm/层。

电控柜、电动葫芦外壳按要求接零保护,安装节点如图4-52所示。

⑧附着式升降脚手架机位附着节点及防坠装置节点大样如图4-53至图4-55所示。

图 4-52   电控柜、电葫芦
安装节点图

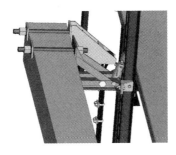

图 4-53   附着节点大样图 1
（附墙支座、提升挂座）

图 4-54   附着节点大样图 2
（水平附墙支座、
可调拉杆）

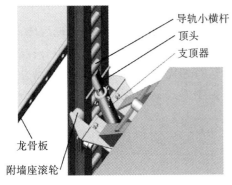

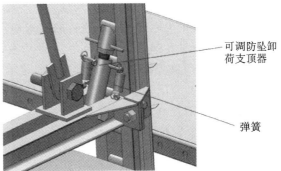

图 4-55   防坠装置节点大样图

4）附着式升降脚手架提升工艺

（1）提升流程。

提升前向操作人员进行交底→检查主体结构的临边防护措施→全面检查爬升结构、架体及障碍→电动葫芦调试预紧→解除上部架体与结构拉接→打开断片处架体外侧分片防护网以及密封翻板→提升架体 50 mm,拆除底部附墙支座→提升架体一个楼层高→封闭断片处架体外侧安全立网以及密封翻板→将附墙支座周转到上层→安装上部附墙支座→葫芦松链,周转提升挂座,提升钢丝绳→结构施工完一层→进行提升前的检查→准备进入下一次提升循环。

（2）提升系统组成。

智能提升系统由重力传感器、智能分机箱、电动葫芦、上下承重梁、钢丝绳、钢丝绳过轮和提升挂座组成。提升挂座与防坠装置分别单独固定于建筑结构上,形成独立的提升体系。

（3）提升原理。

附着式升降脚手架提升过程采用智能超欠载报警停机控制系统,该系统能随时反映机位状况并自动停机。附着式升降脚手架提升时,电动提升机上钩钩挂在上承重梁横销上,下钩与传力钢丝绳钩接,上、下承重梁位于架体内部的内外立杆和导轨、辅杆之间,通过横担、承重钢梁连接构成承力骨架。传力钢丝绳通过下承重梁钢丝绳过轮固定到架体外的提升挂座上,提升挂座由穿墙螺栓固定在结构物上,架体整体荷载通过固定穿墙螺栓传递到结构物上。提升机采用环链电动葫芦,额定提升荷载 7.5 t;电动提升机的架体内部设置吊挂,一次吊挂不必反复移动。

智能控制系统性能及原理介绍如下。

①JSJ-GL 型附着式升降脚手架智能控制系统优点。

附着式升降脚手架升降安全智能控制系统采用 JSJ-GL 型控制系统,其具有先进的计算机辅助集群控制技术,有如下优点。

a. 安全智能监控系统充分体现"安全第一,预防为主"的原则,提升过程中计算机自动进行实时安全监控,发现异常后自动停机报警,大幅度提高了附着式升降脚手架的安全度。

b. 信号采集系统采用单一双绞屏蔽线,并将多个监测点与主控器、PC 机连接。远距离传输抗干扰能力强,避免了施工现场多点多线连接,更加适应复杂工况。

c. 控制系统的控制线路采用并行的方式连接,解决了过去因分控线路出现故障而使整个控制信号无法传递给总控的问题。同时各分控线路都有单独控制动作,当分控线路的单片微型计算机检测到当前机位异常时,会自动运行相应动作,并将信号传递给总控。控制系统可对单个(组)或多个(组)机位集群控制,控制方式灵活,智能化程度高,控制精度高,并且能实时控制。

d. 布线全部为插接件,系统布线无须专业人士操作,防反插设计使得操作简单快捷。

②JSJ-GL 型附着式升降脚手架智能控制系统基本原理。

本套系统采样的主要数据是机位的荷载数据,通过单片微型计算机实现各种状态的动作切换,控制的主要对象是三相交流电机。

③JSJ-GL 型附着式升降脚手架智能控制系统组成。

a. 总控箱:1 台。

对总控箱和分控箱发布升、降、停等命令。

b. 分控箱:n 台($n \leqslant 100$)。

采集每个机位的实时荷载数据,进行综合分析,以判别各种故障,及时做出相应的自动化操作,如预警和停机。

c. 测力传感器:n 套。

带 5 芯屏蔽电缆、5 芯航空插座的测力传感器是机位吊点载荷的直接承受者,通过对荷载实时测量并产生相应的模拟信号,供分控单片微型计算机采集。

d. 控制电缆:1 条。

采用总线的控制模式,将各分控连接在一起。

JSJ-GL 型附着式升降脚手架智能控制系统构成示意如图 4-56 所示。

④报警方式及原理。

当某一机位荷载超过设计值 15% 时,采用声光形式自动报警,当超过设计值的 30% 时提升设备自动停机。

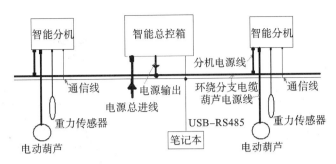

图 4-56　JSJ-GL 型附着式升降脚手架智能控制系统构成示意图

报警方式为蜂鸣器报警,同时 PC 机显示三种报警色。常见的报警信号有以下 3 种。

a.失载值报警(SR1):当各通道中荷载小于失载报警值时,该通道分控器和主控机发出断续的报警声(短声),显示重物重量。

b.超载值报警(SR2):当各通道中最大荷载达到额定报警值时,该通道分控器和主控机发出断续的报警声(长声),显示重物重量。

c.超载限制值报警(SR3):当任一通道荷载达到超载限制报警值时,该通道分控器和主控机发出连续的报警声,且在 1 秒钟内主控机继电器输出开关信号切断主控回路,PC机上显示切断时各通道状态。

(4)防坠系统组成。

附着式升降脚手架(HS-01 型)的防坠系统由可调式防坠卸荷限位支顶器、轨道防坠挡杆、附墙支座、穿墙螺栓组成。

可调式防坠卸荷限位支顶器由顶头、螺杆、螺套等组成。顶头的"V"形叉头支顶在导轨的防坠挡杆上,顶头与调节螺杆连接,调节螺杆与螺套连接,螺套下端通过连接螺栓固定于附墙支座上,通过可调式防坠卸荷限位支顶器和连接螺栓将载荷传递给附墙支架,再由附墙支架通过穿墙螺栓传递给建筑物。

(5)防坠原理。

附着式升降脚手架提升阶段,可调式防坠卸荷限位支顶器始终在弹簧力作用下靠向导轨防坠挡杆,随导轨的直线运动而打开,不受约束。一旦因异常出现附着式升降脚手架下坠的情况,则支顶器可立即顶住轨道防坠挡杆,防坠轮架通过附墙支座、穿墙螺栓与结构连接传力,起到防下坠作用。通过多次试验证明,制动防坠平均距离在 20～60 mm 时,满足相关要求。图 4-57、图 4-58 分别为可调式防坠卸荷支顶器闭合、打开状态示意。

(6)提升作业指导书。

①附着式升降脚手架操作人员就位后,由架子班长发布指令提升脚手架。

②附着式升降脚手架提升 50 mm 后,停止提升,对脚手架进行检查,确认安全无误后,由架子工班长发布指令继续提升脚手架。

③在附着式升降脚手架提升过程中,监控操作人员要巡视附着式升降脚手架的提升情况,发现异常情况,应及时吹口哨报警。

④总控按钮操作员听到口哨声后立即切断电源,停止提升附着式升降脚手架,并通知架子工班长,等查明原因后,由架子工班长重新发布提升附着式升降脚手架的指令。

图 4-57　可调式防坠卸荷支顶器闭合状态　　　图 4-58　可调式防坠卸荷支顶器打开状态

⑤附着式升降脚手架提升高度为一个楼层高,提升到位后,架子工班长发布停止提升指令。

⑥附着式升降脚手架提升到位后,首先将翻板放下,然后固定好。

⑦安装附墙件,支顶器必须拧紧顶实。

⑧将电动葫芦松链,拆下提升挂座,安装到上层相应位置并把提升钢丝绳挂好。注意在电动葫芦松链时,为防止发生误操作,应按下降按钮。

⑨附着式升降脚手架组装完毕并验收合格后要进行试提升,一切正常方可正式提升。

⑩特别注意,架体提升前,施工总承包单位必须先做好主体结构的临边防护措施,否则脚手架不予提升。

5)附着式升降脚手架拆除工艺

(1)拆除工况说明。

案例项目附着式升降脚手架不下降,当主体结构封顶后,根据施工总承包方指令开始在高空拆除附着式升降脚手架。附着式升降脚手架拆除后可用塔吊将架体按机位号分单元吊运至地面。

综合考虑塔吊性能,本次拆除附着式升降脚手架架高 13.5 m,按单元依次拆除附着式升降脚手架。根据每个单元重量、塔吊覆盖范围以及吊重的不同,分为整个单元吊运、单个单元分上下节吊运和单个单元分三节吊运。采光井内的部分架体由于塔吊顶升高度的限制无法整体吊拆,应散拆后再吊拆或全散拆,主要有以下 2 种吊拆方法。

①分三节吊拆。上节架体外立杆(竖龙骨)从 4.5 m 处断开,内支撑竖龙骨在 3 m 处断开;中节架体外立杆(竖龙骨)从 4.5 m 处断开,内立杆(导轨)从 6 m 处断开,内支撑竖龙骨在 4.5 m 处断开;下节架体外立杆(竖龙骨)从 4.5 m 处断开,内立杆(导轨)从 6 m 处断开,内支撑竖龙骨在 4.5 m 处断开。分节吊运示意如图 4-59 所示。

②分上下节吊拆。外立杆(竖龙骨)从 9 m 处断开附着式升降脚手架,内立杆(导轨)从 6 m 处断开,内支撑竖龙骨在 7.5 m 处断开,附着式升降脚手架上部架体为一吊,下部架体为一吊。分节吊运示意如图 4-60 所示。

图 4-59 分节吊运示意图一(单位:mm)

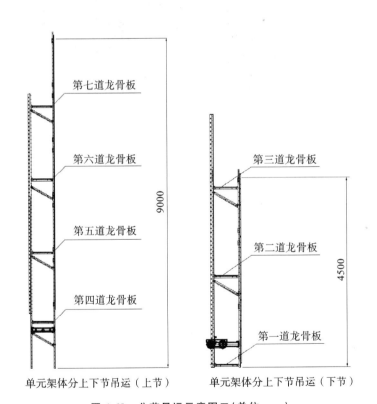

图 4-60 分节吊运示意图二(单位:mm)

(2)拆除前的准备工作。

①工具材料。

安全带、工具袋、专用吊具、安全绳、防滑鞋、安全帽、钳子、扳手等。

②拆除作业条件。

a.与施工总承包单位协商确定材料堆放场地。案例项目拆除方案中材料堆放场地位于塔吊近端,即拆除后架体应该吊运至靠近塔吊基坑的位置。

b.认真进行现场实地考察,准确测量附着式升降脚手架拆除范围。

c.清理架体上的垃圾杂物,以保证人员在拆除过程中的操作安全。

d.拆除附着式升降脚手架上的各类相关管线、电动葫芦、主控箱、分控箱等。

e.检查附墙件主要承力螺栓的承力状况。

f.各楼层临边防护到位。

g.整个拆除施工过程中地面必须设置安全警戒线,警戒范围为当日上午或下午计划待拆区域正下方以外5~10 m范围及塔吊吊运区域,应设专人看守,禁止任何人员进入拆卸区范围,确保人员安全(图4-61)。

图4-61　地面安全警戒线设置示意图

(3)人员准备。

①对拆架班组进行现场交底,明确拆除范围、施工顺序、安全注意要点。

②遵守高空作业安全要求。作业人员要做到以下几点要求。

a.佩戴安全带和安全帽,架子工持证上岗。

b.统一指挥,拆传架料拿稳接牢,严禁抛扔。

c.分工明确,责任到人。

d.严禁酒后上架作业。

③拆除前,专业分包单位协同项目部管理人员先对附着式升降脚手架进行全面检查,各项准备工作完毕后,方可拆除附着式升降脚手架。

④拆除作业时,项目部安排专人负责协调,专业分包单位安排专人进行操作指挥,双方安全员到场监督检查。

⑤严格按照施工工序作业。

(4)拆除步骤及顺序。

拆除时,按照分配好的拆除单元依次拆除附着式升降脚手架,每个单元根据所在塔吊覆盖的半径范围确定吊运方式。

当拆除两个机位一起吊运的单元时,根据计算所确定的重量选择相应的吊运方式,确保吊运重量不超过塔吊远端吊重。

拆除架体时,料台及活动龙骨板的部位必须提前拆除。吊点应牢靠,吊点的选择应保证架片整体稳定。拆除吊点设置在每个拆除单元的两侧竖龙骨(导轨)上,每个吊点安装一个专用吊具,用两个 8.8 级 M16 螺栓和架体竖龙骨(导轨)连接,共设置四个吊点(图 4-62)。

图 4-62 吊具安装示意图

①附着式升降脚手架拆除顺序。

拆除时,考虑到最后一吊必须为两个机位的吊运单元,单次吊拆为单机位单元,选择从塔吊远端逐渐吊拆至塔吊近端。每栋架体均根据机位分成几片架体,拆除时先拆第 1 片附着式升降脚手架,然后再拆除第 2 片附着式升降脚手架。

②拆除具体步骤。

a. 按照分配好的拆除单元,断开单元间的连接(包括龙骨板和网片间的连接)。需要注意,拆除过程中必须依次断开待拆除的单元,等该单元吊运完毕后,才能断开下一个拆除单元,不能同时断开多个拆除单元。

b. 断开后的安全网,用细铁丝捆绑到竖龙骨或者走道板上,确保牢固可靠。

c. 将架体从划分好的节点处断开。

d. 将附墙支座等附墙件用铁丝或绳索紧紧捆绑在轨道上。

e. 安装好吊具,预紧起吊钢丝绳。

f. 稍微松开穿墙螺栓,塔吊继续预紧,直至穿墙螺栓不再受拉力,可轻松抽出时,解除穿墙螺栓在建筑内侧的螺母。

g. 预起吊时,在结构内用麻绳拉住导轨,塔吊吊臂水平移动,慢慢松开麻绳,直至穿墙螺栓脱离建筑物。

h. 将附着式升降脚手架吊至地面,工人迅速拆除后,分类堆放材料。

(5)队伍组织和机械配备。

案例项目每栋楼拆除时间为 7~10 个工作日,现场设工长 1 名,劳动力安排 8~10 人,其中高空解体拆除工人 4 人,地面架体解体工人 4 人,并根据实际进度情况调整相关操作工人人数。

塔吊、电梯随时配合,及时将材料转运到地面安全场地拆解(图 4-63)。

图 4-63 地面材料拆解

(6)作业人员操作位置及安全措施。

由于爬架拆除过程中危险性较大,故本工程将施工区域划分为建筑底部水平警戒区域和架体内部工作区域两个部分。①架体拆除时将主楼首层周边 5~10 m 内区域划分为警戒区域,使用警示带标记,防止闲杂人员靠近;同时在架体单元吊拆过程中,塔吊指挥员应在警戒区外作业,防止发生高空打击的情况。②由于架体按照分组吊装拆除,故作业人员在拆除架体单元时必须戴好安全带,站立在未拆除单元龙骨板上操作,严禁作业人员直接站立在待拆除单元龙骨板上作业。

(7)拆除安全措施及注意事项。

①拆卸的材料应符合以下要求。

a.各构配件必须及时分组集中在楼内,然后运至地面。

b.运至地面的构配件进行分解后按规格、品种堆放到指定区域,及时整修与保养,并及时装车转运回厂。

②拆除脚手架时必须划出安全区,设置警示牌,设置专人进行看护,任何人员不得入内。

③拆除之前必须检查架子上的材料、杂物是否清理干净,否则禁止拆除。所拆材料严禁从高空抛掷。

④拆除过程中不得换人,如必须换人,应将拆除情况交代清楚后方可离开。

⑤严禁随意拆除脚手架的附着支座。

⑥拆除作业中,施工队安全员必须现场指挥,项目部安全员在现场协调指挥。

⑦每天拆除收工前,必须将未拆除完毕的架子与结构进行可靠加固。

⑧架子拆除必须从一边开始,按照由上至下、分层分片的顺序拆除,严禁上下同时拆除。

⑨当拆除到楼层出入口上方的架子时,出入口应暂时封闭。

⑩起吊前检查钢丝绳并确认其完好后方可起吊,听从持证信号工指挥,起吊前应保证架体与结构及其他架子无连接。

⑪拆除过程中必须配备三部对讲机,保证上方指挥人员、下方指挥员和塔吊司机沟通顺畅(相互间手势双方必须清楚)。

⑫待架体降至地面时,下方人员用麻绳将架体下端拉到偏离降落点,让架体网片平稳落地。

4.附着式升降脚手架支座与铝合金模板结合位置大样

附着式升降脚手架安装 4 层半,附着 3 层,待建层附着式升降脚手架机位位置预先开孔,进行孔洞预埋;其他已完工楼层铝合金模板与附着式升降脚手架互不影响,始终间隔一层,附着式升降脚手架附着机位在铝合金模板下方;待建层施工完成后,铝合金模板上移,附着式升降脚手架爬升(图 4-64 至图 4-66)。

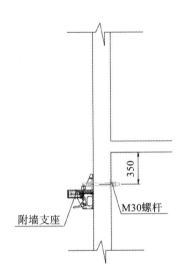 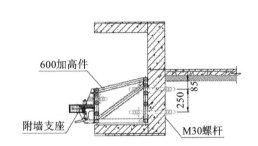

图 4-64 支座剪力墙位置附墙大样(单位:mm)　　图 4-65 空调板处附着形式(单位:mm)

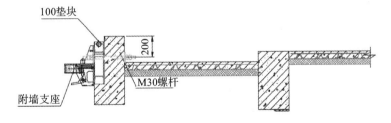

图 4-66 阳台梁位置附着形式(单位:mm)

5.安全保证措施

1)组织保障措施

(1)贯彻"安全第一,预防为主,综合治理"的方针。

(2)施工人员必须是专业架子工,并持证上岗。

(3)升降操作安全注意事项有以下几点。

①要做到四不升降:下雨、五级以上大风天气时不升降;视线不好时不升降;没有进行

升降前检查时不升降;分工、责任不明确时不升降。

②升降作业前做好周密的劳动组织。

③在升降作业时应设警戒线,任何人员不得在警戒线内走动。

④施工场地较大时,应配置足够的对讲机、口哨,加强通信联系。

⑤升降作业时,除操作人员,不得有其他施工人员。

⑥提升点升降操作人员应基本固定。

⑦在遇有六级以上大风天气时应加固与建筑结构的连接。

(4)遵守附着式升降脚手架平台的安装要求、升降要求和拆除要求,杜绝违章使用行为。

(5)提升机构和提升系统每次升降前均要检查一次,如有部件损伤应及时更换。

(6)严格执行安全教育制度和技术交底制度。未经附着式升降脚手架平台安全操作规程教育和交底的人员不准上岗作业。各级领导管理人员要秉持对职工生命负责的态度去严格要求,严格管理,认真抓好安全工作,搞好安全设施。

(7)架子班组施工人员进入施工现场后必须戴安全帽,系好安全带。

(8)建立完善的施工安全保障体系。成立以建设单位项目部为首的事故应急处置领导小组,明确分工,责任落实到人。

2)专业分包单位组织管理体系

附着式升降脚手架专业分包单位施工管理组织机构如图 4-67 所示。

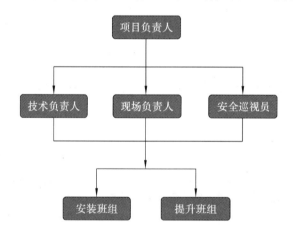

图 4-67　附着式升降脚手架专业分包单位施工管理组织机构

3)参建各单位的安全管理职责

(1)建设单位安全管理职责。

①按工程合同及相关法律法规要求确定建筑工程安全措施、施工现场临时设施和文明施工的费用,为分包工程项目的安全生产提供作业环境。

②建设单位不得明示或者暗示施工单位使用不合格的机械设备和降低安装单位资质等级。

③安装单位、使用单位拒不整改生产安全事故隐患的,建设单位接到监理单位报告

后,应当责令安装单位、使用单位立即停工整改。

（2）监理单位安全管理职责。

①审核专项施工方案；审查专业分包单位的资质及有关人员的资格。

②参加检查验收并定期对使用情况进行安全巡检。

③施工过程中采取旁站、巡视和平行检验等方式,对建设质量和施工作业安全实施全方位的监理,重点检查分包单位安全管理人员是否在岗、作业人员是否遵守操作规程、施工单位是否按经审批的施工方案施工、现场重大危险源的监控防护情况等。

④发现存在隐患时,应要求施工总承包单位限期整改,对拒不整改的,应及时向建设单位和建设行政主管部门报告。

（3）施工总承包单位安全管理职责。

①负全面安全管理责任,负责各分包单位、劳务公司的协调配合工作。

②审核专项施工方案；审查专业分包单位的资质及有关人员的资格。

③作业前应对作业人员进行安全教育,并对作业人员的安全技术交底工作进行监督；作业时应指派专人监督。

④组织检查验收并定期对使用情况进行巡检。

⑤纠正违章指挥和违章作业,若发现严重违章违纪现象和事故隐患,应立即责令停工并监督整改,拒不整改的,应上报建设单位和建设行政主管部门。

⑥施工总承包单位应当按照规定在建设工程周边危险区域及施工现场的危险部位设置明显的警示标志,禁止非施工作业人员擅自进入施工现场。遇大风、暴雨、冰雪等恶劣天气时,应当加强对危险部位的巡查、检查,并采取相应安全措施。高温酷热及冰冻严寒天气时,施工总承包单位应当对作业人员采取必要的安全保障措施。

⑦建设工程施工现场暂停施工的,以及工程作业基本完工尚未竣工验收的,施工总承包单位应当安排专人做好现场保护,加强巡查,及时处理安全隐患。

⑧施工总承包单位应当对所承建的建设工程制订施工现场生产安全事故应急救援预案。各分包单位应当按照应急救援预案,分别建立应急救援组织,配备应急救援人员和器材设备,并定期组织演练。

（4）专业分包单位安全职责。

①在施工总承包单位监督下对附着式升降脚手架施工中的安全工作负直接的组织和领导责任。制定施工现场安全保障体系、安全管理制度和安全专项方案并负责组织实施。对产品质量、施工方案等技术资料和架体安装、提升、保养、拆除等施工全过程负有直接管理责任。

②必须为现场作业人员提供一个安全的作业环境,施工中要严格按照"先安全,后生产"的原则组织施工,坚决杜绝违章指挥、违规作业和违反劳动纪律的行为。施工中接受建设单位、施工总承包单位和监理单位的指挥、监督和检查,对其提出的安全隐患要立即落实整改。

③组织专业队伍施工并配备包括安全员在内的安全技术管理人员,另外还要做到职责明确且落实到位,对附着式升降脚手架的施工人员登记造册,如实向施工总承包单位报告,接受施工总承包单位入场前的安全教育,并结合工程项目特点认真开展班前安全教育活动和安全技术交底。施工现场要按规定配备安全管理人员,负责施工中的安全管理工作。

④组织指挥附着式升降脚手架的安全运行,包括预埋、组装、搭设、升降、日常维护及拆除作业等。

⑤建立行之有效的附着式升降脚手架施工安全管理制度,特别是检查整改制度,确保施工过程的安全;主动协调施工总承包单位和监理单位,及时报告需要协调解决的安全不合格项。要定期对现场进行安全检查(要留有检查记录),发现隐患要按照"定点、定量、定人,完成后验收"的原则及时落实整改。

⑥施工现场所采用的施工机具及设备等必须满足安全要求,配电系统要符合施工现场临时用电要求。

⑦对施工现场存在的重大危险源要重点监控,制定切实可行的安全防护方案和保护措施并落实到位。

4.3　布料机智能施工方案

混凝土布料机是泵送混凝土的末端设备,其作用是将泵压来的混凝土通过管道输送到要浇筑构件的模板内。由两部分回转架组成的合成运动就能覆盖所有布料半径范围的布料点。

为满足混凝土施工时不同的浇筑环境和个性要求,混凝土布料机分为内爬式、行走式、船载式、手动式等多种机型。

目前手动式混凝土布料机在建筑领域用得较多。手动式混凝土布料机是为了扩大混凝土浇筑范围,提高泵送施工机械化水平而开发研制的新产品,是混凝土输送泵的配套设备。手动式混凝土布料机与混凝土输送泵连接,扩大了混凝土泵送范围,有效解决了墙体浇筑布料的难题,对提高施工效率、减轻劳动强度发挥了重要作用。这种布料机设计合理,结构稳定可靠,采用360°全回转臂架式布料结构,整机操作简便、旋转灵活,具有高效、节能、经济、实用等特点。

在数字化装配式钢筋混凝土结构建筑中,若需要在模块的节点处及模块构件的结合处等部位浇筑混凝土,可采用布料机智能施工方案。

1. 布料机布设位置及型号

案例项目采用HGT-20塔式布料机,布置于电梯井中(电梯井门为双开门),利用可伸缩支腿完成支撑,不需要预留任何洞口,混凝土浇筑完成后借助塔吊在电梯井内进行提升即可(图4-68)。

图 4-68 布料机布设位置

2. 布设要求

提前深化电梯门对面剪力墙两个布料机的支腿洞口,应提前要求布料机供应商或租赁单位提供布料机底座支腿尺寸及间距以确定此洞口间距(此洞口建议要求铝合金模板厂直接配模),同时在标准节上焊接方钢管。

施工第 n 层梁板时,布料机底座布置在 $n-2$ 层梁板上,布料机标准节固定于 $n-2$ 层梁板下及墙柱上 K 板以下的结构上(布料机自带四面对顶钢管顶托)。

塔吊选型、布置时,应保证布料机位置处的塔吊吊重足够,至少应大于布料机整机重量。案例项目采用 HGT-20 布料机,整机质量 3.1 t,大臂重量 2 t,塔吊在电梯井位置的起吊能力应大于 3.1 t。本项目选用的 TCG7532 塔吊在此位置的吊重为 5.5 t,满足吊装要求。

布料机底座电梯井内的安装平面示意如图 4-69 所示,布料机底座安装完成效果如图 4-70 所示。

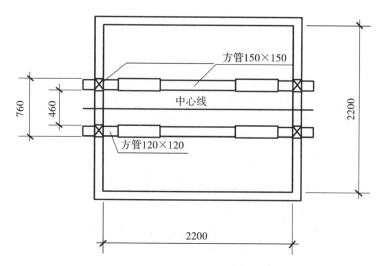

图 4-69　布料机底座电梯井内安装平面示意(单位:mm)

图 4-70　布料机底座安装完成效果

5 数字化装配式钢筋混凝土结构建筑绿色施工

推广数字化装配式钢筋混凝土建筑的一个重要任务就是实现绿色建筑。绿色建筑的实现离不开建筑绿色施工。我国在大力推行绿色建筑,最大限度地节约资源、保护环境和减少污染,为人们提供健康、适用和高效的使用空间,实现建筑与自然和谐共生。这一模式既符合中国国情,又响应国家土地资源政策、环保政策和可持续发展战略。建筑绿色施工要求在建筑工程建设的每一个环节中,在保证质量、安全、经济等基本建筑规范要求的前提下,通过数字化管理和技术进步,最大限度地节能、节地、节水、节材,减少施工对环境的破坏和资源的浪费。建筑绿色施工对实现碳达峰、碳中和有重要作用。施工单位应践行绿色发展理念,将低碳建造、绿色施工理念充分融入建筑绿色施工图设计、建筑材料选用、建筑节能、电气节能、节水、暖通节能设计等方面,采用数字化的设计方法,通过应用BIM、"铝合金模板+全钢脚手架"等绿色施工新技术,将 VR 技术、扬尘监测、视频监控、信息化管理等技术应用在施工过程中,将虚拟技术与实体建筑相结合,通过互联网、物联网、云计算、数码跟踪等新技术的应用,全面提高绿色建筑的质量。

1. 环境保护

1)扬尘控制

在运送土方、垃圾、设备及建筑材料等物质时,应采取相应措施封闭严密,保证车辆清洁。在施工场地出口设置冲洗台,及时清洗车辆上的泥土,防止泥土外带(图 5-1)。

图 5-1 洒水防扬尘和车辆冲洗平台

土方作业阶段,采取洒水、覆盖等措施,使作业区目测扬尘高度小于 1.5 m,不扩散到场区外(图 5-2)。

结构施工、安装装饰装修阶段,作业区目测扬尘高度应小于 0.5 m。对易产生扬尘的堆放材料应使用密目网覆盖;对粉末状材料应封闭存放;场区内清理灰尘和垃圾时利用吸尘器清理;机械剔凿作业时可采取局部遮挡、掩盖、水淋等防护措施;高层或多层建筑清理

图 5-2　施工现场洒水车

垃圾时应搭设封闭性临时专用道或采用容器吊运。

土方暂停开挖,桩基施工时,基坑边坡全部用密目安全网覆盖。

施工现场非作业区应达到目测无扬尘的要求。对现场易飞扬物质采取有效措施,如洒水、地面硬化、围挡、密网覆盖、封闭等,防止产生扬尘。构筑物机械拆除前,应做好扬尘控制计划,可采取清理积尘、拆除体洒水、设置隔挡等措施。

现场具体措施如下。

(1)商品混凝土供应商的选择:所有混凝土均采用商品混凝土,由施工总承包单位牵头,组织建设单位、监理单位考察选定综合实力强的全封闭花园式搅拌站。

(2)场地的封闭及绿化:现场内所有的场地均采用 C30 混凝土浇筑,车道范围 200 mm 厚,其余 150 mm 厚。其余用地全部绿化或使用密目网覆盖。

(3)散状颗粒物的防尘措施:回填土,砌筑用砂子等进场后,应临时用密目网或者苦布进行覆盖并控制一次进场量,边用边进,减少散发面积。用完后清扫干净。运土坡道要注意覆盖,防止扬尘。

(4)封闭式垃圾站:在现场设置 1 个封闭式垃圾站。施工垃圾用塔吊吊运至垃圾站,对垃圾按无毒无害可回收、无毒无害不可回收、有毒有害可回收、有毒有害不可回收的分类方式分拣、存放,并选择有垃圾消纳资质的承包商外运至规定的垃圾处理场。

(5)切割、钻孔的防尘措施:齿锯切割木材时,在锯机的下方设置遮挡锯末挡板,使锯末在内部沉淀后回收。钻孔时用水钻进行,在下方设置疏水槽,将浆水引至容器内沉淀后处理。

(6)钢筋接头:大直径钢筋采用直螺纹机械连接,减少焊接产生的废气对环境的污染,节省钢材。

(7)大口径管道采用沟槽连接技术,避免焊接释放的废气对环境造成污染。

(8)洒水防尘:常温施工期间,每天派专人洒水,将沉淀池内的水抽至洒水车内,边走边洒。洒水车前设置钻孔的水管,保证洒水均匀。

(9)利用吸尘器清理:结构施工期间,清理模板内的木屑、废渣时采用大型吸尘器吸尘,防止灰尘的扩散,以免影响混凝土的成型质量。

(10)车辆运输防尘:保证运土车、垃圾运输车、混凝土搅拌运输车、大型货物运输车辆运行状况完好、表面清洁。散装货箱带有可开启式翻盖,装料至盖底为止,严禁超载。挖土期间,在车辆出门前,派专人清洗泥头车轮胎;在运输坡道上设置钢筋网格振落轮胎上的泥土。在完全硬化的混凝土道路上设置淋湿地毯,防止车辆带土和扬尘。

(11)施工现场采用预拌砂浆,有效控制扬尘、节约资源、减少职业病的发生率。

2)废气排量控制

与运输单位签署环保协议,使用符合本地区尾气排放标准的运输车辆,不达标的车辆不允许进入施工现场。

项目部自用车辆均为排放达标车辆,且所有机械设备由专业公司负责提供,有专人负责保养、维修,定期检查,确保车辆正常使用。

3)噪声与振动控制

在施工过程中严格控制噪声,对噪声进行实时监测与控制。监测方法执行国家标准《建筑施工场界环境噪声排放标准》GB 12523—2011。

使用低噪声、低震动的机具,采取隔声与隔振措施,避免或减少施工噪声和震动。

本项目降低噪声具体措施如下。

(1)一般设备噪声控制:本工程使用的塔吊、电梯等设备均性能完善,运行平稳且噪声小。

(2)钢筋加工机械:本工程的钢筋加工机械为新购置的产品,性能良好,运行稳定,噪声小(图 5-3)。

图 5-3　钢筋加工棚示意图

(3)木材切割:在木材加工场设置半封闭操作棚,尽量减少噪声污染(图 5-4)。

(4)混凝土输送泵:结构施工期间,根据现场实际情况确定泵送车位置,采用噪声小的设备,并在混凝土输送泵的外围搭设隔声棚,避免噪声扰民。

(5)混凝土浇筑:尽量安排在白天浇筑,并选择低噪音的振捣设备。浇筑地下室底板时采用溜槽加串筒下料,以减少噪声和工程费用。

(6)施工时间尽量安排在 6:00—22:00 进行,因生产工艺上要求必须连续施工或特殊情况需要夜间施工的,在施工前到工程所在地建设行政主管部门提出申请,经批准并在环

图 5-4　木工加工棚示意图

保部门备案后方可施工。

4)光污染控制

尽量避免或减少施工过程中的光污染。夜间室外照明灯应加设灯罩,使透光方向集中在施工范围。

电焊作业采取遮挡措施,避免电焊弧光外泄。具体措施如下。

(1)设置焊接加工棚。焊接加工设置加工棚,防止强光外射对工地周围区域造成影响。对于板钢筋的焊接,可以用废旧模板制作围护挡板(图5-5)。

图 5-5　电焊加工棚示意图

(2)控制照明光线的角度。工地周边及塔吊上设置的大型罩式灯可随着工程的进度及时调整罩灯角度,保证强光线不射出工地。施工工地上设置的碘钨灯照射方向始终朝向工地内侧。

(3)必要时在工作面设置挡光彩条布或者密目网遮挡强光。

5)水污染控制

施工现场污水排放应达到《污水综合排放标准》GB 8978—1996 的要求。在施工现场应针对不同类型的污水,设置相应的处理设施。具体措施如下。

(1)雨水处理。雨水经过沉淀池后排入现场原有水渠,供施工、绿化养护、路面清洒等使用。

（2）污水排放。办公区设置水冲式厕所，在厕所附近设置化粪池，污水经过化粪池沉淀后排入市政管道。

（3）设置隔油池。在工地食堂洗碗池下方设置二级隔油池。每天清扫、清洗，油污随生活垃圾一同收入生活垃圾桶，由环卫部门收集清运。

（4）设置沉淀池。二级沉淀池设置在施工现场大门处，基坑抽出的水和清洗混凝土搅拌车、泥土车等形成的污水经过沉淀后，可用于现场洒水和混凝土养护等。

（5）保护地下水环境。采用隔水性能好的边坡支护技术。在缺水地区或地下水位持续下降的地区，尽可能少抽取地下水。对于有毒材料、油料的储存地，应设计严格的隔水层，做好渗漏液的收集和处理。

（6）在食堂、盥洗室、淋浴间的下水管线设置过滤网，并与市政污水管线连接，保证排水畅通。

6）土壤保护

（1）保护地表环境，防止土壤侵蚀、流失。因施工造成的裸土，应及时覆盖砂石或种植速生草种，以减少土壤侵蚀；因施工导致土地发生地表径流、土壤流失的情况，应采取设置地表排水系统、稳定斜坡、植被覆盖等措施，减少土壤流失。

（2）保证沉淀池、隔油池、化粪池等不发生堵塞、渗漏、溢出等现象。应及时清掏各类池内沉淀物。隔油池每日清理，排水沟和沉淀池每月清理两次。

（3）对于有毒有害废弃物如电池、墨盒、油漆、涂料等应回收后交给有资质的单位处理，不能作为建筑垃圾外运。废旧电池要回收，在领取新电池时应交回旧电池，最后由项目部统一处理，避免污染土壤和地下水。

（4）处理机械机油时应在机械的下方铺设苫布，苫布上面铺一层沙吸油，最后集中交由有资质的单位处理。

（5）施工后应恢复被施工活动破坏的植被。与当地园林、环保部门或当地植物研究机构进行合作，种植合适的植物，以恢复剩余空地地貌或进行科学绿化，补救因施工活动造成的土壤侵蚀。

7）建筑垃圾控制

施工现场的固体废弃物对环境的影响较大。据不完全统计，目前城市建筑垃圾已占垃圾总量的 30%～40%，这些垃圾不易降解，会对环境产生长期影响。建筑垃圾的处理措施如下。

（1）制定建筑垃圾减量化计划，每公顷的建筑垃圾不宜超过 400 t。

（2）加强建筑垃圾的回收再利用，力争建筑垃圾的再利用和回收率达到 30%，建筑物拆除产生的废弃物的再利用和回收率大于 40%。对于碎石类、土石方类建筑垃圾，采用地基填埋、铺路等方式提高再利用率，力争再利用率大于 50%。

（3）施工现场生活区设置封闭式垃圾容器，对施工场地生活垃圾实行袋装化，及时清运。对建筑垃圾进行分类，收集到现场的封闭式垃圾站后，集中运出。

案例项目按照"减量化、资源化和无害化"的原则采取了以下建筑垃圾控制措施。

①固体废弃物减量化。

通过技术手段准确下料,尽量减少建筑垃圾。

实行"工完场清"等管理措施。作业人员在结束某段施工工序后、递交工序交接单前,负责把自己工序的垃圾清扫干净。

提高施工质量标准,减少建筑垃圾的产生。如提高墙、地面的施工平整度,一次性达到找平层的要求;提高模板拼缝的质量,避免或减少漏浆。

尽量采用工厂化生产的建筑构件,减少现场切割作业。

②固体废弃物资源化。

废旧材料的再利用。利用废弃模板制作一些围护结构,如遮光棚、隔声板等;利用废弃的钢筋头制作楼板马凳、地锚拉环等。

利用木方、木胶合板来搭设道路边和后浇带的防护板。

每次浇筑完剩余的混凝土用来浇筑构造柱、水沟预制盖板和后浇带预制盖板等构件。

③固体废弃物分类处理。

垃圾分类处理,可回收材料中的木料、木板由胶合板厂或造纸厂回收再利用。

非存档文件采用双面打印,废弃纸张最终与其他纸制品一同由造纸厂回收再利用。

施工中收集的废钢材,由项目部统一处给钢铁厂回收再利用。

办公使用可多次灌注的墨盒,废弃墨盒由制造商回收再利用。

2. 节材与材料资源利用

(1)节材措施。

①根据施工进度、库存情况等合理安排材料的采购、进场时间和批次,减少库存积压。

②现场材料堆放有序。储存环境适宜,措施得当;保管制度健全,责任落实。

③材料运输工具适宜,装卸方法得当,防止损坏和遗洒。根据现场平面布置情况就近卸载,避免和减少二次搬运。

④采取技术和管理措施提高模板、脚手架等的周转次数。

⑤优化安装工程的预留、预埋、管线路径等方案。

(2)结构材料。

①推广使用预拌混凝土和商品砂浆。准确计算采购数量、供应频率、施工速度等,在施工过程中可动态控制。结构工程使用散装水泥。

②推广使用高强钢筋和高性能混凝土,减少资源消耗。

③优化钢筋配料和钢构件下料方案。钢筋及钢构件制作前应对下料单及样品进行复核,无误后方可批量下料。

(3)围护材料。

①门窗、屋面、外墙等围护结构选用耐候性及耐久性良好的材料,施工时确保围护结构的密封性、防水性和保温隔热性。

②门窗采用密封性、保温隔热性能、隔声性能良好的型材和玻璃等材料。

③屋面材料、外墙材料应具有良好的防水性能和保温隔热性能。

④屋面或墙体等部位保温隔热系统,选择高效节能、耐久性好的保温材料,以减小保

温隔热层的厚度及材料用量。

⑤屋面或墙体等部位的保温隔热系统采用专用的配套材料,以加强各层次之间的黏结或连接强度,确保系统的安全性和耐久性。

⑥根据建筑物的实际特点,对屋面或外墙的保温隔热层采用系统的施工方式,以保证保温隔热效果,并减少材料浪费。

⑦加强保温隔热系统与围护结构的节点处理,尽量降低热桥效应。针对建筑物不同部位的保温隔热特点,选用不同的保温隔热材料及系统,做到经济适用。

(4)周转材料。

①选用耐用、维护与拆卸方便的周转材料和机具。

②优先选用制作、安装、拆除一体化的专业队伍进行模板工程施工。

③模板选择应以节约自然资源为原则,推广使用定型钢模、竹胶板。

④施工前应对模板工程的方案进行优化。使用可重复利用的模板体系,模板支撑宜采用工具式支撑。

3. 节水与水资源利用

(1)提高用水效率。

①施工中采用先进的节水施工工艺。

②施工现场喷洒路面、绿化浇灌不使用市政自来水。现场搅拌用水、养护用水采取有效的节水措施,严禁无措施浇水养护混凝土。

③现场应结合用水点位置选择输水管线线路和设计阀门预留位置,使管径合理、管路简捷,采取有效措施减少管网和用水器具的漏损。

④现场机具、设备、车辆冲洗用水设立循环用水装置。施工现场办公区、生活区的生活用水采用节水系统和节水器具,提高节水器具配置比率。项目临时用水应使用节水型产品,安装计量装置,采取针对性的节水措施。

⑤施工现场利用原有水渠建立雨水或其他可利用水资源的收集利用系统,使水资源得到循环利用。施工中非传统水源和循环水的再利用率大于30%。

(2)非传统水源利用。

①处于基坑降水阶段的工地,采用地下水作为混凝土搅拌用水、养护用水、冲洗用水和部分生活用水。

②现场机具、设备、车辆冲洗、喷洒路面、绿化浇灌等用水,优先采用非传统水源,尽量不使用市政自来水。

③力争施工中非传统水源和循环水的再利用率大于30%。

④利用现场原有水渠,收集地下水、雨水,作为消防、养护和冲洗用水。冲车池及洗车池设沉淀池及清水池,对洗车、冲车污水进行循环利用。

⑤实行用水计量管理,严格控制施工阶段的用水量。施工用水装设水表,生活区与施工区分别计量。及时收集施工现场的用水资料,建立用水节水统计台账,并进行分析、对比,提高节水率。

⑥施工现场生产、生活用水使用节水型生活用水器具,在水源处应设置明显的节约用水标识。盥洗池、卫生间采用节水型水龙头、低水量冲洗便器等。

4. 节能与资源利用

(1)节能措施。

①施工前对所有的工人进行节能教育,树立节约能源的意识,养成良好的习惯。并在电源控制处张贴"节约用电""人走灯灭"等标志,在厕所设置声控感应灯以达到节约用电的目的。

②优先使用国家、行业推荐的节能、高效、环保的施工设备和机具,如选用变频技术的节能施工设备等。

③施工现场分别设定生产、生活、办公和施工设备的用电控制指标,定期进行计量、核算、对比分析,并及时采取预防与纠正措施。

④在施工组织设计中,合理安排施工顺序、工作面,相邻作业区充分利用共有的机具资源,以减少作业区域的机具数量。安排施工工艺时,应优先考虑能耗较少的施工工艺。避免设备额定功率远大于使用功率或超负荷使用设备的情况。

⑤设立耗能监督小组。项目工程部设立临时用水、临时用电管理小组,除日常的维护工作外,还负责监督使用过程,若发现浪费水电的人员、单位,给予相应处罚。

⑥选择利用效率高的能源。食堂使用液化天然气,其余区域均使用电能,不使用煤球等利用率低的能源。

⑦施工现场实行限额领料制度。统计分析实际施工材料消耗量与预算材料的消耗量的差额及产生原因,有针对性地制定并实施关键点控制措施,提高节材率;专门成立钢筋管控部门和成本管控中心,控制钢筋损耗率。

⑧在保证质量的前提下优化混凝土配合比,降低资源消耗。

⑨加强短、废钢筋的再利用,如制作排水沟盖板、预埋铁件等。

(2)机械设备与机电。

①建立施工机械设备管理制度,完善设备档案。开展用电、用油计量,及时做好维修保养工作,使机械设备保持低耗、高效的状态。

②选择功率与负载相匹配的施工机械设备,避免大功率施工机械设备低负载、长时间运行。机电安装可采用节电型机械设备,如逆变式电焊机和能耗低、效率高的手持电动工具等。机械设备宜使用节能型油料添加剂,并考虑回收利用,节约油量。

③合理安排工序,提高机械的使用率和满载率,降低设备的单位耗能。

(3)生产生活及办公临时设施。

①利用场地自然条件,合理设计生产、生活及办公临时设施的体形、朝向、间距和窗墙面积比,使其获得良好的日照、通风和采光。

②临时设施宜采用节能材料,墙体、屋面使用隔热性能好的材料,减少夏天空调、冬天取暖设备的使用时间及耗能量。

③合理配置采暖设备以及空调、风扇的数量,规定使用时间,实行分段分时使用,节约用电。

(4)施工用电及照明。

①规定合理的温、湿度标准和使用时间,提高空调的运行效率,夏季室内空调温度设

置不得低于 26 ℃,冬季室内空调温度设置不得高于 20 ℃,空调运行期间应关闭门窗。

②实行用电计量管理,严格控制施工阶段的用电量。生活区与施工区应分别计量,在用电电源处设置明显的节约用电标识,同时施工现场建立照明运行维护和管理制度,及时收集用电资料,建立用电节电统计台账,提高节电率。施工现场分别设定生产、生活、办公和施工设备的用电控制指标,定期进行计量、核算、对比分析,并采取预防与纠正措施。生活区每户均装有限流设施,杜绝大功率电器使用。

③施工现场及生活区、办公区采用节能灯具,减少电能的消耗。

④充分利用太阳能,生活区淋浴采用太阳能热水器,室外主干道两侧安装太阳能路灯,真正做到减少用电量。施工现场照明镝灯采用"光控＋时控＋分区域控制"相结合的方式进行控制,避免因忘关电源而造成浪费。

⑤建立施工机械设备管理制度,开展用电、用油计量,完善设备档案,及时做好维修保养工作,使机械设备保持低耗、高效的状态。

5.节地与施工用地保护

(1)临时用地指标。

①根据施工规模及现场条件等因素合理确定临时加工厂、现场作业棚及材料堆场、办公生活设施等临时设施的占地指标。临时设施的占地面积应按用地指标所需的最低面积设计。

②平面布置合理、紧凑,在满足环境、职业健康与安全文明施工要求的前提下尽可能减少废弃地和死角。

(2)临时用地保护。

采用支护与降水专用设计,减少土方的开挖量。

(3)施工总平面布置。

①施工总平面布置科学、合理,充分利用原有构筑物、道路、管线为施工服务。

②施工现场仓库、加工厂、作业棚、材料堆场等的布置应尽量靠近已有交通线路或即将修建的正式或临时交通线路,缩短运输距离。

③临时办公和生活用房采用经济、美观、占地面积小、对周边地貌环境影响较小且可根据施工平面布置动态调整的多层轻钢活动板房。生活区与生产区分开布置。

④施工现场道路按照永久道路和临时道路相结合的原则布置。施工现场内宜形成环形通路,减少道路占地面积。